致辞

SPEECH

党的十九大指出构建清洁低碳、安全高效的能源体系，突出能源在生态文明建设中的重要地位。2021年3月15日，习近平总书记在中央财经委员会第九次会议上强调，要把碳达峰、碳中和纳入生态文明建设整体布局，拿出抓铁有痕的劲头，如期实现2030年前碳达峰、2060年前碳中和的目标。"双碳"目标既是我国积极应对气候变化、推动构建人类命运共同体的责任担当，也是贯彻能源安全新战略、坚持新发展理念、构建清洁低碳安全高效能源体系、推动高质量发展的必然选择。

《全球水电行业年度发展报告2022》是国家水电可持续发展研究中心在国家能源局指导下编写的全球水电行业年度发展报告之一，已连续出版五年。《全球水电行业年度发展报告2022》梳理分析了2021年全球水电行业发展状况、态势和行业关注重点，力求系统全面，重点突出，为我国"双碳"目标所需战略与政策、技术与方法、深化合作等方面贡献力量。

希望国家水电可持续发展研究中心准确把握全球能源转型关键期，立足于"双碳"目标大背景下水电发展战略定位，充分发挥水电自身优势，推出更多更好的研究咨询新成果，以期打造精品，客观真实地记录全球水电行业发展历程，科学严谨地动态研判行业发展趋势，服务于政府与企业，共赢发展！

汪小刚

2022 年 7 月

全球水电行业年度发展报告

2022

国家水电可持续发展研究中心　编著

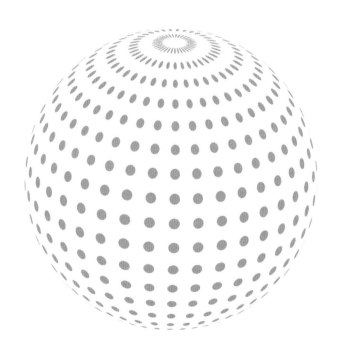

中国水利水电出版社

www.waterpub.com.cn

·北京·

内 容 提 要

本书系统分析了 2021 年全球水电行业发展现状，聚焦全球水电扩机与水电长时储能快速发展面临的挑战，梳理水电扩机潜力和影响水电扩机的技术经济因素，以及水电长时储能提供电网需求的做法及建议。

本书可供从事可再生能源及水利水电工程领域的技术和管理人员，以及大中专院校能源工程、能源管理、水利水电工程及公共政策分析等专业的教师和研究生参考。

图书在版编目（CIP）数据

全球水电行业年度发展报告. 2022 / 国家水电可持续发展研究中心编著. -- 北京 ：中国水利水电出版社，2023.2
ISBN 978-7-5226-1339-0

Ⅰ. ①全… Ⅱ. ①国… Ⅲ. ①水利电力工业－研究报告－世界－2022 Ⅳ. ①TV7

中国国家版本馆CIP数据核字(2023)第020678号

审图号：GS京（2022）1395号

书　　名	全球水电行业年度发展报告 2022 QUANQIU SHUIDIAN HANGYE NIANDU FAZHAN BAOGAO 2022
作　　者	国家水电可持续发展研究中心　编著
出版发行	中国水利水电出版社 （北京市海淀区玉渊潭南路 1 号 D 座　100038） 网址：www. waterpub. com. cn E - mail：sales@mwr. gov. cn 电话：(010) 68545888（营销中心）
经　　售	北京科水图书销售有限公司 电话：(010) 68545874、63202643 全国各地新华书店和相关出版物销售网点
排　　版	中国水利水电出版社微机排版中心
印　　刷	清淞永业（天津）印刷有限公司
规　　格	210mm×285mm　16 开本　9 印张　181 千字
版　　次	2023 年 2 月第 1 版　2023 年 2 月第 1 次印刷
印　　数	001—800 册
定　　价	**90.00 元**

编 委 会

前言

FOREWORD

大力发展清洁可再生能源，推动能源结构转型，已成为国际社会的广泛共识和共同行动。水电作为目前技术最成熟、最具开发性和资源量丰富的可再生能源，具有可靠、清洁、经济的优势；水电亦是当前唯一可对风电和光伏发电安全稳定并网起战略性支撑作用的能源，随着可再生能源快速增长，水电在能源转型中的基石作用更加明显。

近年来，全球能源转型为水电发展拉开新篇章，伴随着新能源的大规模开发，水电（含抽水蓄能）与新能源的协同发展将成为推动能源转型发展的重要路径，优先和充分发展水电是清洁能源转型的重要基础。因此，做好全球水电行业发展的年度分析研究，及时总结全球水电行业发展的成功经验，认识和把握能源转型背景下水电行业发展的新形势、新特征、新要求，对推动全球水电可持续发展和制定及时、准确、客观的水电行业发展政策具有重要的指导意义。

《全球水电行业年度发展报告2022》是国家水电可持续发展研究中心编写的系列全球水电行业年度发展报告之一，本书分4个部分，从全球及各区域水电行业发展、水电扩机、长时储能需求与配置及配套政策等方面，对2021年度全球水电行业发展状况进行全面梳理、归纳和研究分析，在此基础上，深入剖析了水电行业的热点和前沿问题。在编写方式上，力求以客观准确的统计数据为支撑，基于国际可再生能源署（IRENA）、国际水电协会（IHA）、国际能源署（IEA）、欧盟（EU）、世界能源委员会（WEC），以及各国能源官方管理机构和能源领域国家实验室官方网站发布的全球水电行业相关报告、数据和学术界前沿研究成果，以简练的文字分析，并辅以图表，将本书展现给读者。本书图文并茂、直观形象、凝聚焦点、突出重点，旨在方便阅读、利于查询和检索。

根据《国家及下属地区名称代码 第一部分：国家代码》（ISO 3166－1）、《国家及下属地区名称代码 第二部分：下属地区代码》（ISO 3166－2）、《国家及下属地区名称代码 第三部分：国家曾用名代码》（ISO 3166－3）和《世界各国和地区名称代码》（GB/T 2659－2000），本书划分了亚洲（东亚、东南亚、南亚、中亚、西亚）、美洲（北美、拉丁美洲和加勒比）、欧洲、非洲和大洋洲等 10 个大洲和地区。

本书所使用的计量单位，主要采用国际单位制单位和我国法定计量单位，部分数据合计数或相对数由于数值取舍不同而产生的计算误差，进行了适当的调整。

如无特别说明，本书各项中国统计数据不包含香港特别行政区、澳门特别行政区和台湾省的数据，水电装机容量和发电量数据均包含抽水蓄能数据。

本书在编写过程中，得到了能源行业行政主管部门、研究机构、企业和行业知名专家的大力支持与悉心指导，同时，参考了相关文献资料，在此谨致以衷心的谢意！我们真诚地希望本书能够为社会各界了解全球水电行业发展状况提供参考。

因编者经验和时间有限，书中难免存在疏漏，恳请读者批评指正。

编者

2022 年 7 月

缩　略　词

缩略词	英文全称	中文全称
CAES	Compressed Air Energy Storage	压缩空气储能
DOE	United States Department of Energy	美国能源局
EIA	Energy Information Administration	美国能源信息署
FERC	Federal Energy Regulatory Commission	美国联邦能源管理委员会
FRP	Fiber Reinforced Polymer	纤维增强聚合物
HDPE	High－density Polyethylene	高密度聚乙烯
ICC	Initial Capital Cost	初始资本成本率
IEA	International Energy Agency	国际能源署
IHA	International Hydropower Association	国际水电协会
IRENA	International Renewable Energy Agency	国际可再生能源署
IRR	Internal Rate of Return	内部收益率
LAES	Liquid Air Energy Storage	液化空气储能技术
LCOE	Levelized Cost of Energy	平准化度电成本
LCOS	Levelized Cost of Storage	平准化储能成本
LDES	Long－Duration Energy Storage	长时储能系统
LDS	Long－Duration Storage	长时储能
MPM	McKinsey Power Model	麦肯锡电力模型
NHA	National Hydropower Association	美国水电协会
NHAAP	National Hydropower Asset Assessment Program	国家水电资产评估计划
NHD	National Hydrography Dataset	国家水文数据集（美）
NID	National Inventory of Dams	全美大坝清单
NPDs	Non－power dams	无动力大坝
NSD	New Stream－reach Development	新溪流计划
NWIS	National Water Information System	美国国家水信息系统
ORNL	Oak Ridge National Laboratory	橡树岭国家实验室
P2GP	Power to Gas to Power	电转气再转电技术
PJM	Pennsylvania－New Jersey－Maryland	美国 PJM 电力市场

缩略词	英文全称	中文全称
PSH	Pumped Storage Hydropower	抽水蓄能电站
TAM	Total Available Market	总可获取市场
UC	Unit Cost	单位成本

目录

CONTENTS

致辞

前言

缩略词

2021 年全球水电
行业发展概览

1 主要内容

《全球水电行业年度发展报告 2022》（以下简称《年报 2022》）全面梳理了 2021 年全球水电行业装机容量和发电量发展现状，从全球水电扩机现状与潜力、扩机规模阈值、扩机经济性、长时储能成本效益、水电长时储能优势、高比例风光新能源对长时储能的需求、长时储能容量配置和运行策略、长时储能市场化机制及配套政策等多个方面，分析了全球水电行业的热点问题。

2 数据来源

《年报 2022》中 2021 年全球主要国家和地区（不含中国）水电装机容量、常规水电装机容量和抽水蓄能装机容量数据均来源于国际可再生能源署（IRENA）最新发布的《可再生能源装机容量统计 2022》（*Renewable Capacity Statistics* 2022）。其中，水电装机容量包括常规水电装机容量和抽水蓄能装机容量；常规水电装机容量含混合式抽水蓄能电站的装机容量，抽水蓄能装机容量为纯抽水蓄能电站的装机容量。

《年报 2022》中 2021 年全球主要国家和地区水电发电量数据来源于国际水电协会（IHA）最新发布的《水电现状报告 2022》（*Hydropower Status Report* 2022）。

《年报 2022》中 2008—2020 年中国水电装机容量和中国水电发电量数据来源于《全球水电行业年度发展报告 2021》（以下简称《年报 2021》）；2021 年中国水电装机容量、常规水电装机容量和抽水蓄能装机容量数据来源于国家能源局发布的《2021 年全国电力工业统计数据》，水电发电量数据来源于《国家能源局 2022 年一季度网上新闻发布会文字实录》。

《年报 2022》中 2008—2020 年美国水电装机容量和美国水电发电量数据来源于《年报 2021》；2022 年美国水电发电量数据来源于美国能源信息署（EIA）公示的《电力净发电：总计（所有部门）》［*Electricity Net Generation：Total（All Sectors）*］，其余信息与其他国家信息来源相同。

全球电力系统现状来源于国际能源署（IEA）发布的《电力市场报告2021》（*Electricity Market Report*）、《水电灵活性促进可再生能源消纳白皮书》（以下简称《水电白皮书》，*Flexible Hydropower Providing Value to Renewable Energy Integration：White Paper*），国际可再生能源署（IRENA）发布的《评价电力市场灵活性：水电现状与展望》（*Valuing Flexibility in Evolving Electricity Markets：Current Status and Future Outlook for Hydropower*），美国国家学院发布的《美国电力未来》（*The Future of Electric Power in the United States*），美国能源局（DOE）发布的《水电价值：现状、未来和机遇》（*Hydropower Value Study：Current Status and Future Opportunitie*）、《抽水蓄能评价导则：成本效益与决策分析评价框架》（*Pumped Storage Hydropower Valuation Guidebook：A Cost－Benefit and Decision Analysis Valuation Framework*），欧盟发布的《水电提升电力系统灵活性》（*Flexibility，Technologies and Scenarios for Hydropower*）等报告。

《年报 2022》中统计的国家（地区）与《年报 2021》中一致。国际可再生能源署、国际水电协会和《年报 2022》统计的持有水电数据的国家（地区）分布情况见表 1。

表 1　　　　　持有水电数据的国家（地区）分布情况

名　称	国家（地区）数量		
	国际可再生能源署数据	国际水电协会数据	《年报 2022》数据
全球	162	221	161
亚洲	38	56	36
美洲	33	49	32
欧洲	40	48	40
非洲	41	58	43
大洋洲	10	10	10

注　发电量数据中，国际水电协会统计的 221 个国家和地区中，仅 157 个国家和地区具有发电量数据，其中 154 个纳入《年报 2022》；其余 64 个国家均无发电量数据。

根据国家统计局《2021 年国民经济和社会发展统计公报》数据，2021年全年人民币平均汇率为 1 美元兑 6.4515 元人民币。

3　水电行业概览

2021 年，全球水电发展良好，增长稳定。截至 2021 年年底，全球水电装机容量达到 13.55 亿千瓦，其中，抽水蓄能装机容量 1.27 亿千瓦；全球新增水电装机容量 2816 万千瓦。全球水电发电量达到 42404 亿千瓦时，依旧为支撑可再生能源系统的重要能源（见图 1～图 4）。

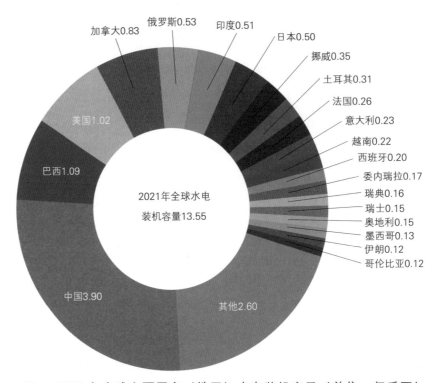

图 1　2021 年全球主要国家（地区）水电装机容量（单位：亿千瓦）

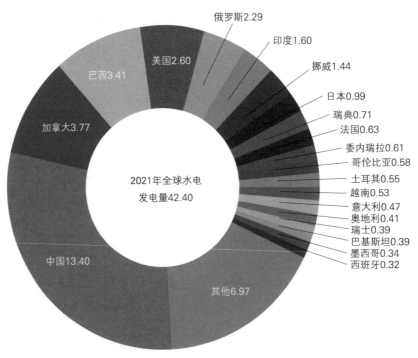

图 2　2021 年全球主要国家（地区）水电发电量（单位：10^3 亿千瓦时）

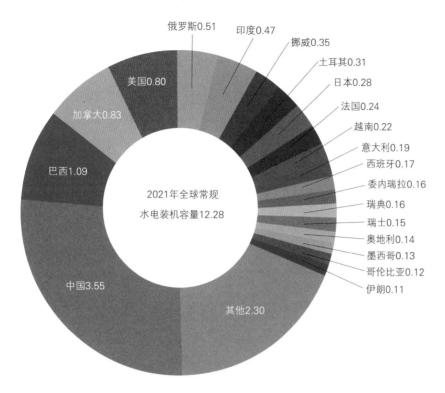

图3　2021年全球主要国家（地区）常规水电装机容量（单位：亿千瓦）

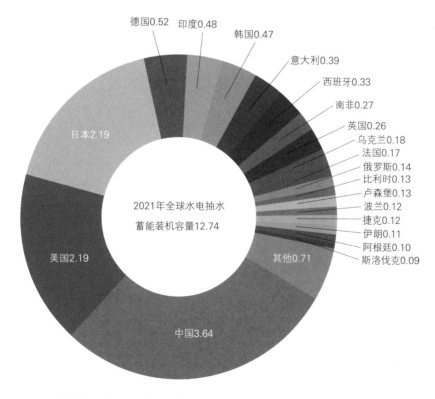

图4　2021年全球主要国家（地区）抽水蓄能装机容量（单位：10^{-1}亿千瓦）

2021 年全球水电行业装机容量和发电量大数据

- 全球水电发电量达到 42404 亿千瓦时。
- 全球水电装机容量达到 13.55 亿千瓦，新增水电装机容量 2816 万千瓦。
- 中国再次引领全球水电行业发展，水电装机容量 3.91 亿千瓦，新增水电装机容量 2076 万千瓦，包括抽水蓄能新增装机容量 490 万千瓦。发电量 13401 亿千瓦时，均居全球首位。
- 新增水电装机容量较高的其他国家包括越南（342 万千瓦）、挪威（181 万千瓦）、加拿大（168 万千瓦）、老挝（97 万千瓦）、印度（89 万千瓦）和尼泊尔（69 万千瓦）。

2021 年中国水电行业发展大数据

- 中国常规水电装机容量 35453 万千瓦，快速增长，同比增速 4.7%。
- 中国抽水蓄能装机容量 3639 万千瓦，增速加快，同比增速 15.6%。

1

全球水电行业发展概况

1.1 全球水电现状

1.1.1 装机容量

截至 2021 年年底，全球水电装机容量 13.55 亿千瓦，同比增长 2.1%，约占全球可再生能源装机容量的 44.4%，较 2020 年下降 3 个百分点。

截至 2021 年年底，东亚、欧洲、拉丁美洲和加勒比以及北美 4 个区域的水电装机容量均超过 1 亿千瓦（见图 1.1），占全球水电装机容量的 82.1%。其中，东亚水电装机容量 45238 万千瓦，占全球水电装机容量的 33.4%（见图 1.2 和表 1.1），同比增长 0.9 个百分点。

全球水电装机容量持续增长

全球水电装机容量
13.55 亿千瓦
↑ 2.1%

全球水电开发持续向东亚集中

东亚水电装机容量占比
33.4%

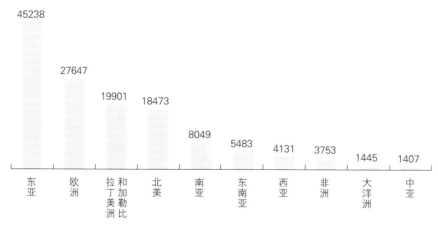

图 1.1 2021 年全球各区域水电装机容量（单位：万千瓦）

数据来源：《可再生能源装机容量统计 2022》《2021 年全国电力工业统计数据》

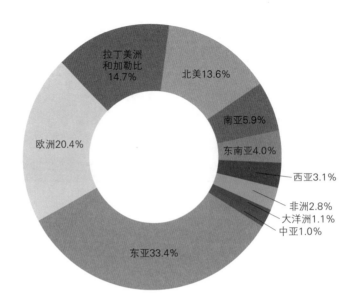

图 1.2　2021 年全球各区域水电装机容量占比

表 1.1　　　　2021 年全球各区域水电装机容量及发电量

区　域		装机容量 /万千瓦	发电量 /亿千瓦时	常规水电 装机容量 /万千瓦	抽水蓄能 装机容量 /万千瓦
中文	英　文				
东亚	Eastern Asia	45238	14582	38939	6298
东南亚	South－eastern Asia	5483	1340	5353	130
南亚	Southern Asia	8049	2442	7466	583
中亚	Central Asia	1407	490	1407	0
西亚	Western Asia	4131	718	4077	54
北美	Northern America	18473	6377	16264	2209
拉丁美洲 和加勒比	Latin America and the Caribbean	19901	6319	19804	97
欧洲	Europe	27647	8262	24678	2970
非洲	Africa	3753	1457	3433	320
大洋洲	Oceania	1445	417	1364	81
合　计		135526	42404	122785	12741

注　数据来源：《可再生能源装机容量统计 2022》《水电现状报告 2022》《2021 年全国电力工业统
　　计数据》。

1.1.2　发电量

2021 年，全球水电发电量 42404 亿千瓦时，同比下降 2.8%，比 2020 年减少 1227 亿千瓦时，是近五年来首次出现下降。

2021 年，东亚、欧洲、北美、拉丁美洲和加勒比 4 个区域的水电发电量均超过 5000 亿千瓦时（见图 1.3），4 个区域的水电发电量占全球水电发电量的 83.8%。其中，东亚水电发电量最高，占全球水电发电量的 34.4%（见图 1.4）。

发电量呈波动态势

发电量 42404 亿千瓦时
↓ −2.8%

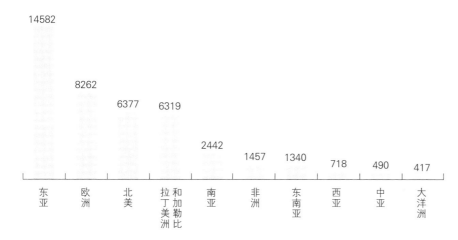

图 1.3　2021 年全球各区域水电发电量（单位：亿千瓦时）
数据来源：《水电现状报告 2022》

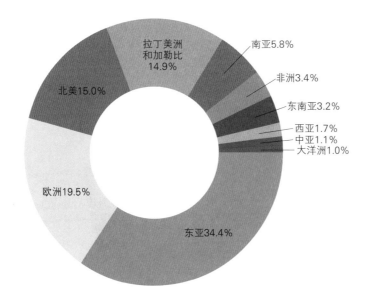

图 1.4　2021 年全球各区域水电发电量占比

1.2 常规水电现状

常规水电装机容量增加

常规水电装机容量
1.7% ↑

截至 2021 年年底，全球常规水电装机容量 12.28 亿千瓦，占全球水电装机容量的 90.6%；2021 年全球常规水电装机容量同比增长 1.7%，较上一年度增加 2059 万千瓦。

截至 2021 年年底，东亚、欧洲、拉丁美洲和加勒比、北美 4 个区域的常规水电装机容量均超过 1 亿千瓦（见图 1.5），占全球常规水电装机容量的 81.1%。其中，东亚常规水电装机容量 38939 万千瓦，占全球常规水电装机容量的 31.7%（见图 1.6）。

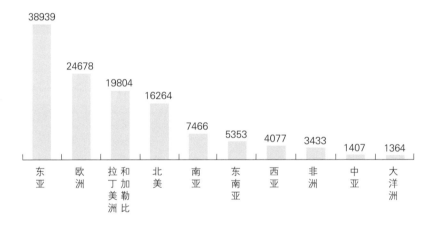

图 1.5　2021 年全球各区域常规水电装机容量（单位：万千瓦）
数据来源：《可再生能源装机容量统计 2022》《2021 年全国电力工业统计数据》

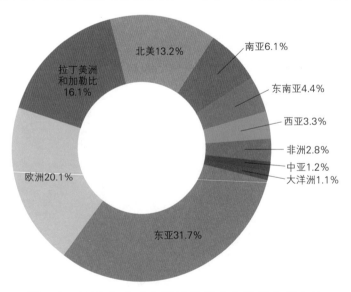

图 1.6　2021 年全球各区域常规水电装机容量占比

1.3　抽水蓄能现状

截至 2021 年年底，全球抽水蓄能装机容量 1.27 亿千瓦，占全球水电装机容量的 9.4%，同比增长 6.6%。

截至 2021 年年底，东亚、欧洲、北美 3 个区域的抽水蓄能装机容量均超过 1000 万千瓦（见图 1.7），占全球抽水蓄能装机容量的 90.1%。其中，东亚抽水蓄能装机容量 6298 万千瓦，占全球抽水蓄能装机容量的 49.4%（见图 1.8）。

> **抽水蓄能装机容量增加**
>
> 比上一年度增加
> ↑ **6.6%**

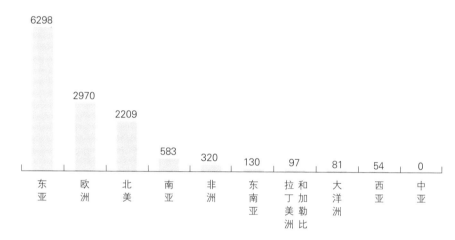

图 1.7　2021 年全球各区域抽水蓄能装机容量（单位：万千瓦）

数据来源：《可再生能源装机容量统计 2022》《2021 年全国电力工业统计数据》

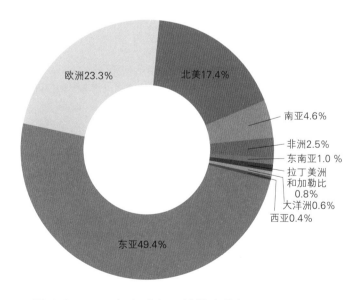

图 1.8　2021 年全球各区域抽水蓄能装机容量占比

2

区域水电行业发展概况

2.1 亚洲

2.1.1 东亚

2.1.1.1 东亚水电现状

2.1.1.1.1 装机容量

东亚水电装机容量持续增长

东亚水电装机容量
4.8%↑

截至 2021 年年底，东亚水电装机容量 4.52 亿千瓦，占亚洲水电装机容量的 70.3%；比 2020 年增加 2087 万千瓦，同比增长 4.8%。

截至 2021 年年底，中国和日本的水电装机容量均超过 1000 万千瓦（见图 2.1），占东亚水电装机容量的 97.5%。其中，中国

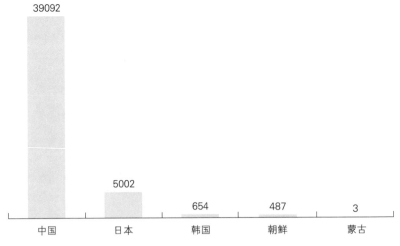

图 2.1　2021 年东亚各国水电装机容量（单位：万千瓦）
数据来源：《可再生能源装机容量统计 2022》《2021 年全国电力工业统计数据》

水电装机容量占东亚水电装机容量的 86.4%（见图 2.2），比 2020 年新增水电装机容量 2076 万千瓦。

中国水电装机容量领跑东亚

中国水电装机容量占比
86.4%

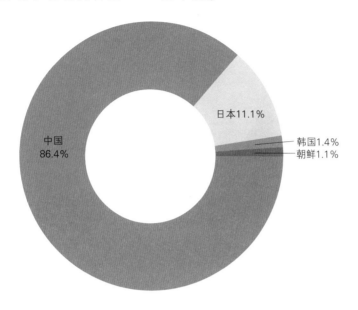

图 2.2　2021 年东亚主要国家水电装机容量占比

2.1.1.1.2　发电量

2021 年，东亚水电发电量 14582 亿千瓦时，位居全球之首，比 2020 年减少水电发电量 56 亿千瓦时，同比减少 0.4%。

2021 年，中国和日本的水电发电量均超过 500 亿千瓦时（见图 2.3），占东亚水电发电量的 98.7%。其中，中国水电发电量 13401 亿千瓦时，占东亚水电发电量的 91.9%（见图 2.4）。

东亚发电量下降

东亚水电发电量
↓ **0.4%**

中国水电发电量领跑东亚

中国水电发电量占比达
91.9%

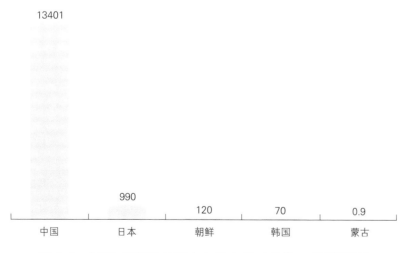

图 2.3　2021 年东亚各国水电发电量（单位：亿千瓦时）
数据来源：《水电现状报告 2022》

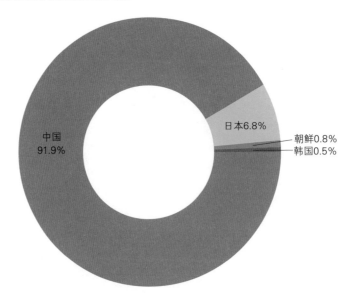

图 2.4　2021 年东亚主要国家水电发电量占比

2.1.1.2　常规水电现状

截至 2021 年年底，东亚常规水电装机容量 3.9 亿千瓦，位居全球之首，比 2020 年新增常规水电装机容量 1597 万千瓦，同比增长 4.3%。

截至 2021 年年底，中国和日本的常规水电装机容量均超过 1000 万千瓦（见图 2.5），占东亚常规水电装机容量的 98.2%。其中，中国占 91.0%（见图 2.6）。

东亚常规水电装机容量大幅增长

东亚常规水电装机容量
4.3% ↑

中国常规水电装机容量占比

91.0%

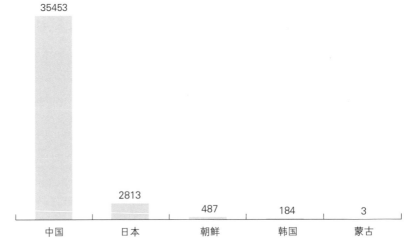

图 2.5　2021 年东亚各国常规水电装机容量（单位：万千瓦）
数据来源：《可再生能源装机容量统计 2022》《2021 年全国电力工业统计数据》

截至 2021 年年底，中国常规水电装机容量 35453 万千瓦，比 2020 年增加 1586 万千瓦，同比增长为 4.7%。

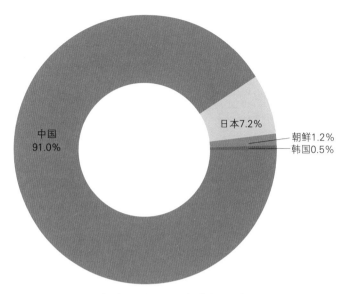

图 2.6　2021 年东亚主要国家常规水电装机容量占比

2.1.1.3　抽水蓄能现状

　　截至 2021 年年底，东亚抽水蓄能装机容量 6298 万千瓦，位居全球之首，比 2020 年增加 490 万千瓦，同比增长 8.4%，新增装机容量全部来自中国。

　　截至 2021 年年底，中国和日本的抽水蓄能装机容量均超过 1000 万千瓦（见图 2.7），占东亚抽水蓄能装机容量的 92.5%。其中，中国抽水蓄能装机容量占东亚抽水蓄能装机容量的 57.8%，比 2020 年增长了 3.6 个百分点；日本抽水蓄能装机容量 2189 万千瓦，与 2020 年持平（见图 2.8）。

东亚抽水蓄能装机容量快速增长

东亚抽水蓄能装机容量
↑**8.4%**

中国抽水蓄能装机容量位居东亚之首

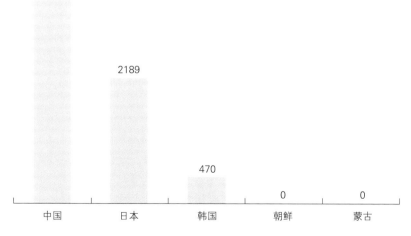

图 2.7　2021 年东亚各国抽水蓄能装机容量（单位：万千瓦）
数据来源：《可再生能源装机容量统计 2022》《2021 年全国电力工业统计数据》

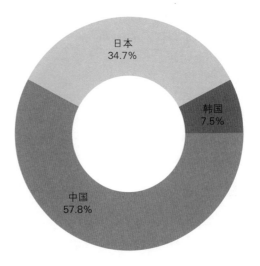

图 2.8　2021 年东亚主要国家抽水蓄能装机容量占比

截至 2021 年年底，中国抽水蓄能装机容量 3639 万千瓦，比 2020 年增加 490 万千瓦，同比增长 15.6%。

2.1.2　东南亚

2.1.2.1　东南亚水电现状

2.1.2.1.1　装机容量

东南亚水电装机容量增长加快

东南亚水电装机容量
9.5%↑

越南水电装机容量位居东南亚之首

越南水电装机容量占比
39.4%

截至 2021 年年底，东南亚水电装机容量 5483 万千瓦，占亚洲水电装机容量的 8.5%，比 2020 年增加 474 万千瓦，同比增长 9.5%。

截至 2021 年年底，东南亚各国中仅越南的水电装机容量超过 1000 万千瓦（见图 2.9），占东南亚水电装机容量的 39.4%（见图 2.10），越南水电装机容量增加 342 万千瓦，位居东南亚之首。

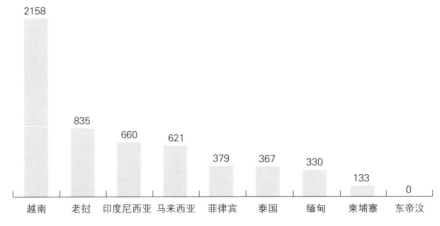

图 2.9　2021 年东南亚主要国家水电装机容量（单位：万千瓦）
数据来源：《可再生能源装机容量统计 2022》

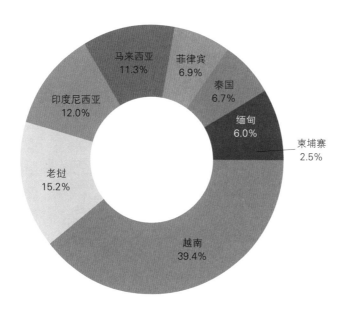

图 2.10　2021 年东南亚主要国家水电装机容量占比

2.1.2.1.2　发电量

2021 年，东南亚水电发电量 1340 亿千瓦时，比 2020 年增加 16 亿千瓦时，同比上升 1.2%。

2021 年，东南亚各国中仅越南的水电发电量超过 500 亿千瓦时（见图 2.11），占东南亚水电发电量的 39.6%（见图 2.12），比 2020 年增加了 0.3 个百分点。

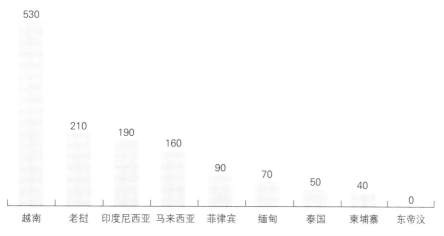

图 2.11　2021 年东南亚主要国家水电发电量（单位：亿千瓦时）
数据来源：《水电现状报告 2022》

2.1.2.2　常规水电现状

截至 2021 年年底，东南亚常规水电装机容量 5353 万千瓦，比 2020 年新增常规水电装机容量 474 万千瓦，同比增长 9.7%。

东南亚水电发电量呈波动态势

东南亚水电发电量
↑ **1.2%**

越南水电发电量位居东南亚之首

越南水电发电量占比
39.6%

东南亚常规水电装机容量快速增长

东南亚常规水电装机
↑ **9.7%**

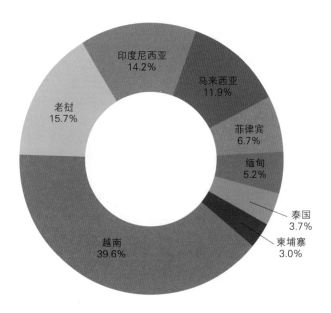

图 2.12　2021 年东南亚主要国家水电发电量占比

越南常规水电装机
容量占比

40.3%

截至 2021 年年底，东南亚各国中仅越南的常规水电装机容量超过 1000 万千瓦（见图 2.13），占东南亚常规水电装机容量的 40.3%（见图 2.14），越南水电装机容量增加 342 万千瓦，位居东南亚之首。

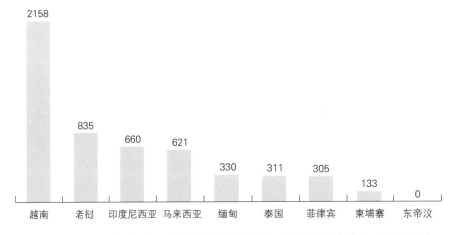

图 2.13　2021 年东南亚主要国家常规水电装机容量（单位：万千瓦）
数据来源：《可再生能源装机容量统计 2022》

2.1.2.3　抽水蓄能现状

东南亚抽水蓄能装
机容量与去年持平

截至 2021 年年底，东南亚抽水蓄能装机容量 130 万千瓦，与 2020 年抽水蓄能装机容量持平。

截至 2021 年年底，东南亚地区仅菲律宾和泰国开发建设了抽水蓄能电站。其中，菲律宾抽水蓄能装机容量占东南亚抽水蓄

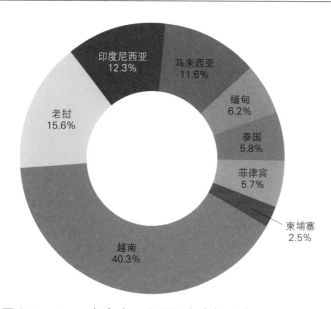

图 2.14　2021 年东南亚主要国家常规水电装机容量占比

能装机容量的 56.8%。截至 2020 年年底，菲律宾抽水蓄能装机容量 74 万千瓦，与 2020 年持平。

2.1.3　南亚

2.1.3.1　南亚水电现状
2.1.3.1.1　装机容量

截至 2021 年年底，南亚水电装机容量 8049 万千瓦，比 2020 年增加 56 万千瓦，同比增长 0.7%，新增水电装机容量的 54.7% 来自印度。

截至 2021 年年底，南亚各国中印度、伊朗和巴基斯坦的水电装机容量均超过 1000 万千瓦（见图 2.15），占南亚水电装机容

菲律宾抽水蓄能装机容量位居东南亚之首

菲律宾抽水蓄能装机容量占比

56.8%

南亚水电装机容量增速放缓

南亚水电装机容量

↑0.7%

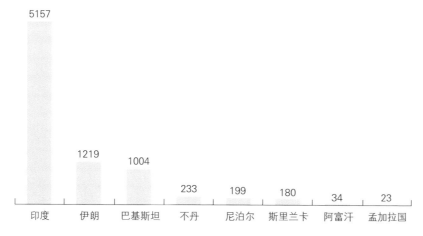

图 2.15　2021 年南亚主要国家水电装机容量（单位：万千瓦）

数据来源：《可再生能源装机容量统计 2022》

量的 91.7%。其中，印度水电装机容量占南亚水电装机容量的 64.1%（见图 2.16），比 2020 年增加了 0.7 个百分点。

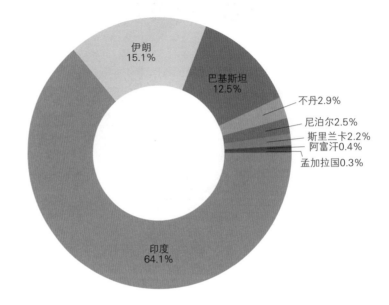

图 2.16　2021 年南亚主要国家水电装机容量占比

2.1.3.1.2　发电量

2021 年，南亚水电发电量 2442 亿千瓦时，比 2020 年增加 61 亿千瓦时，同比增加 2.6%。

2021 年，南亚各国中仅印度的水电发电量超过 500 亿千瓦时（见图 2.17），占南亚水电发电量的 65.5%（见图 2.18），比 2020 年增加了 0.4 个百分点。

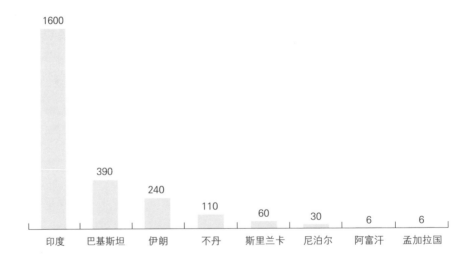

图 2.17　2021 年南亚主要国家水电发电量（单位：亿千瓦时）
数据来源：《水电现状报告 2022》

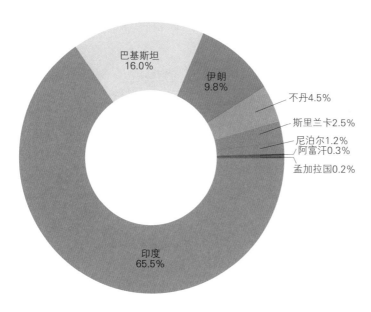

图 2.18　2021 年南亚主要国家水电发电量占比

2.1.3.2　常规水电现状

　　截至 2021 年年底，南亚常规水电装机容量 7466 万千瓦，比 2020 年增加 56 万千瓦，同比增长 0.8%，新增常规水电装机容量的 54.7%来自印度。

　　截至 2021 年年底，南亚各国中仅印度、伊朗和巴基斯坦的常规水电装机容量超过 1000 万千瓦（见图 2.19），占南亚常规水电装机容量的 91.0%，其中，印度常规水电装机容量占南亚常规水电装机容量的 62.7%（见图 2.20）。截至 2021 年年底，印度常规水电装机容量 4678 万千瓦，比 2020 年增加 88 万千瓦，同比增长 1.9%。

南亚常规水电装机容量增速放缓

南亚常规水电装机容量

↑0.8%

印度常规水电装机容量位居南亚之首

印度常规水电装机容量占比

62.7%

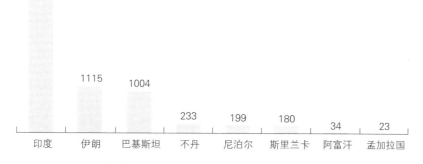

图 2.19　2021 年南亚主要国家常规水电装机容量（单位：万千瓦）

数据来源：《可再生能源装机容量统计 2022》

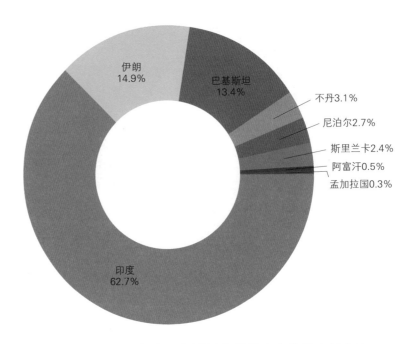

图 2.20 2021 年南亚主要国家常规水电装机容量占比

2.1.3.3 抽水蓄能现状

截至 2021 年年底，南亚抽水蓄能装机容量 583 万千瓦，与 2020 年持平。南亚各国中仅印度和伊朗建设了抽水蓄能电站，其中印度抽水蓄能装机容量占南亚抽水蓄能装机容量的 82.1%。2008 年以来，印度抽水蓄能装机容量与往年持平。

2.1.4 中亚

2.1.4.1 中亚水电现状

2.1.4.1.1 装机容量

截至 2021 年年底，中亚水电装机容量 1407 万千瓦，比 2020 年增加 33 万千瓦，同比增长 2.4%，增加的水电装机容量的主要来自哈萨克斯坦。

截至 2021 年年底，中亚各国中仅塔吉克斯坦的水电装机容量超过 500 万千瓦（见图 2.21），为 527 万千瓦，位居中亚首位，占中亚水电装机容量的 37.5%（见图 2.22）。

印度抽水蓄能装机容量位居南亚之首

2008 年以来，印度抽水蓄能装机容量与往年持平

中亚水电装机容量增长加快

中亚水电装机容量
2.4% ↑

塔吉克斯坦水电装机容量位居中亚之首

塔吉克斯坦水电装机容量占比
37.5%

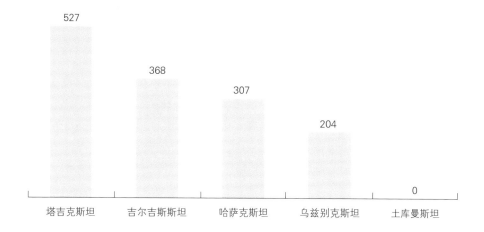

图 2.21　2021 年中亚各国水电装机容量（单位：万千瓦）
数据来源：《可再生能源装机容量统计 2022》

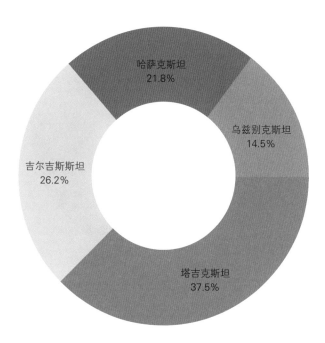

图 2.22　2021 年中亚主要国家水电装机容量占比

2.1.4.1.2　发电量

2021 年，中亚水电发电量 490 亿千瓦时，比 2020 年增加 4 亿千瓦时，同比上升 0.8%。

2021 年，中亚各国的水电发电量均未超过 500 亿千瓦时（见图 2.23）。塔吉克斯坦的水电发电量位居中亚首位，为 200 亿千瓦时，占中亚水电发电量的 40.8%（见图 2.24）。

中亚水电发电量呈波动态势

中亚水电发电量

↑**0.8%**

塔吉克斯坦水电发电量位居中亚之首

塔吉克斯坦水电发电量占比

40.8%

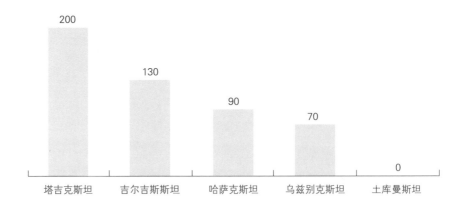

图 2.23 2021 年中亚各国水电发电量（单位：亿千瓦时）
数据来源：《水电现状报告 2022》

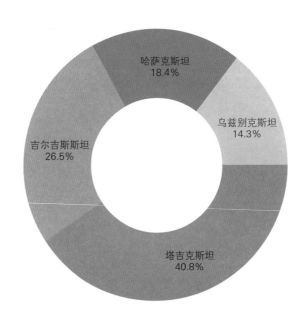

图 2.24 2021 年中亚主要国家水电发电量占比

中亚常规水电装机增长加快

中亚常规水电装机容量
2.4% ↑

塔吉克斯坦常规水电装机容量位居中亚之首

塔吉克斯坦常规水电装机容量占比
37.5%

2.1.4.2 常规水电现状

截至 2021 年年底，中亚常规水电装机容量 1407 万千瓦，比 2020 年增加 33 万千瓦，同比增长 2.4%，增加的水电装机容量的主要来自哈萨克斯坦。

截至 2021 年年底，中亚各国中仅塔吉克斯坦的常规水电装机容量超过 500 万千瓦（见图 2.25），为 527 万千瓦，位居中亚首位，占中亚水电装机容量的 37.5%（见图 2.26）。

2.1.4.3 抽水蓄能现状

截至 2021 年年底，中亚各国暂无抽水蓄能装机容量数据。

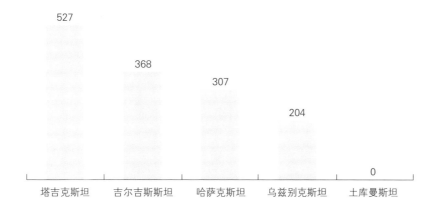

图 2.25   2021 年中亚各国常规水电装机容量（单位：万千瓦）

数据来源：《可再生能源装机容量统计 2022》

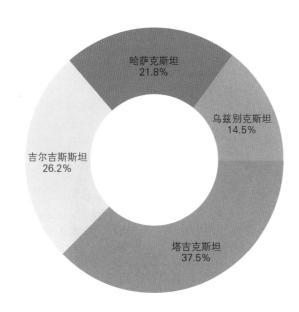

图 2.26   2021 年中亚主要国家常规水电装机容量占比

2.1.5   西亚

2.1.5.1   西亚水电现状

2.1.5.1.1   装机容量

截至 2021 年年底，西亚水电装机容量 4131 万千瓦，比 2020 年减少 55 万千瓦，同比减少 1.3%。

截至 2021 年年底，西亚各国中仅土耳其的水电装机容量超过 1000 万千瓦，为 3149 万千瓦（见图 2.27），占西亚水电装机容量的 76.3%（见图 2.28）。

西亚水电装机容量有所降低

西亚水电装机容量

↓ **1.3%**

土耳其水电装机容量位居西亚之首

土耳其水电装机容量占比

76.3%

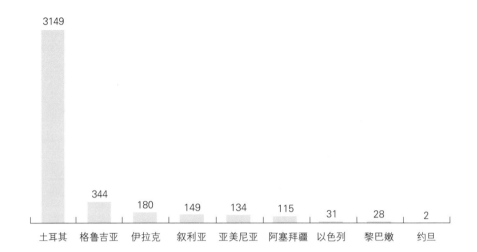

图 2.27 2021 年西亚主要国家水电装机容量（单位：万千瓦）

数据来源：《可再生能源装机容量统计 2022》

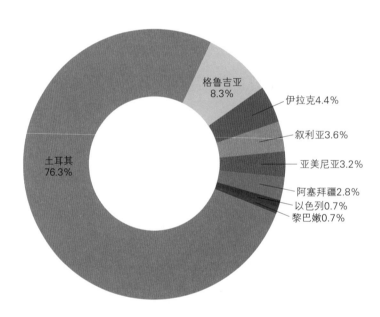

图 2.28 2021 年西亚主要国家水电装机容量占比

2.1.5.1.2 发电量

2021 年，西亚水电发电量 718 亿千瓦时，比 2020 年减少 210 亿千瓦时，同比下降 22.6%。

2021 年，西亚各国中仅土耳其的水电发电量超过 500 亿千瓦时（见图 2.29），为 550 亿千瓦时，占西亚水电发电量的 76.7%（见图 2.30），比 2020 年下降了 6.7 个百分点。

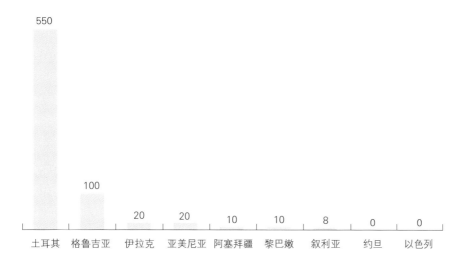

图 2.29　2021 年西亚主要国家水电发电量（单位：亿千瓦时）

数据来源：《水电现状报告 2022》

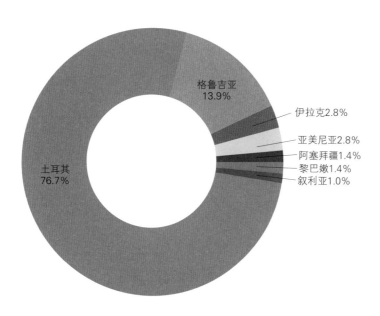

图 2.30　2021 年西亚主要国家水电发电量占比

2.1.5.2　常规水电现状

截至 2021 年年底，西亚常规水电装机容量 4077 万千瓦，比 2020 年减少 55 万千瓦，同比减少 1.3%。

截至 2021 年年底，西亚各国中仅土耳其的常规水电装机容量超过 1000 万千瓦，为 3149 万千瓦（见图 2.31），占西亚常规水电装机容量的 77.3%（见图 2.32）。

西亚常规水电装机容量有所减少

西亚常规水电装机容量

↓ 1.3%

土耳其常规水电装机容量位居西亚之首

土耳其常规水电装机容量占比

77.3%

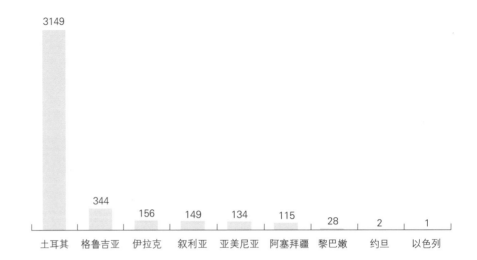

图 2.31 2021 年西亚主要国家常规水电装机容量（单位：万千瓦）

数据来源：《可再生能源装机容量统计 2022》

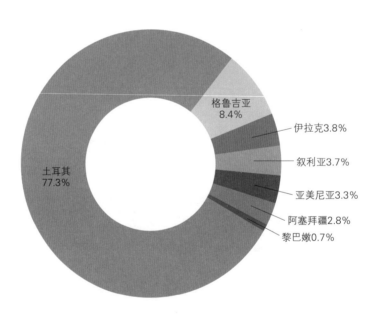

图 2.32 2021 年西亚主要国家常规水电装机容量占比

2.1.5.3 抽水蓄能现状

截至 2021 年年底，西亚各国中仅伊拉克和以色列开发建设了抽水蓄能电站，装机容量 54 万千瓦，比 2020 年增加了 30 万千瓦。

2.2　美洲

2.2.1　北美

2.2.1.1　北美水电现状

2.2.1.1.1　装机容量

截至 2021 年年底，北美水电装机容量 1.85 亿千瓦，比 2020 年增加 52 万千瓦，同比增长 0.3%。

截至 2021 年年底，美国和加拿大的水电装机容量均超过 1000 万千瓦（见图 2.33）。其中，美国水电装机容量占北美水电装机容量的 55.2%，加拿大水电装机容量占北美水电装机容量的 44.8%（见图 2.34）。

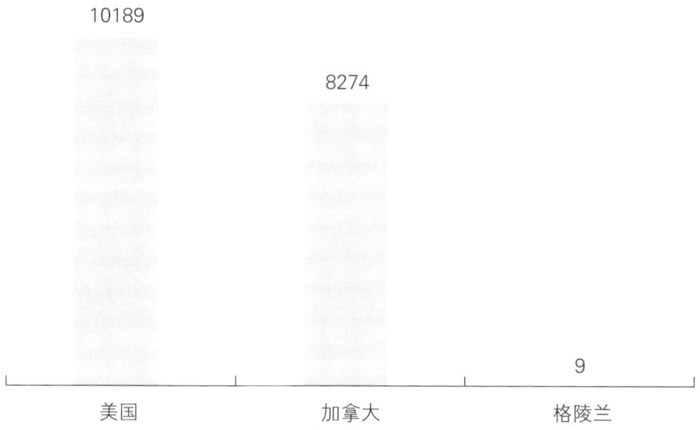

图 2.33　2021 年北美主要国家（地区）水电装机容量（单位：万千瓦）

数据来源：《可再生能源装机容量统计 2022》《水电现状报告 2022》

2.2.1.1.2　发电量

2021 年，北美水电发电量 6377 亿千瓦时，比 2020 年减少 368 亿千瓦时，同比减少 5.5%。

2021 年，加拿大和美国的水电发电量均超过 500 亿千瓦时（见图 2.35）。其中，加拿大水电发电量 3770 亿千瓦时，占北美水电发电量的 59.1%（见图 2.36），比 2020 年增加了 2.3 个百分点。

北美水电装机容量增长缓慢

北美水电装机容量

↑ **0.3%**

美国水电装机容量位居北美之首

美国水电装机容量占比

55.2%

北美水电发电量减少

北美水电发电量

↓ **5.5%**

加拿大水电发电量位居北美之首

加拿大水电发电量占比

59.1%

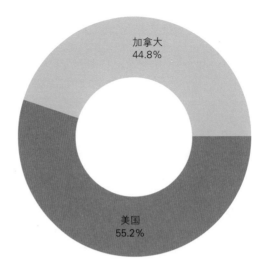

图 2.34　2021 年北美主要国家水电装机容量占比

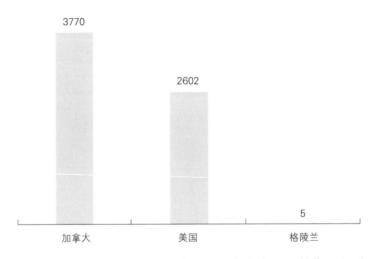

图 2.35　2021 年北美主要国家（地区）水电发电量（单位：亿千瓦时）
数据来源：《水电现状报告 2022》

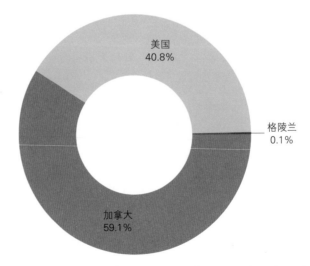

图 2.36　2021 年北美主要国家（地区）水电发电量占比

2.2.1.2　常规水电现状

截至 2021 年年底，北美常规水电装机容量 1.63 亿千瓦，比 2020 年减少 213 万千瓦，同比减少 1.3%。

截至 2021 年年底，美国和加拿大的常规水电装机容量均超过 1000 万千瓦（见图 2.37）。其中，加拿大常规水电装机容量重新超过美国，位居北美之首。加拿大常规水电装机容量占北美常规水电装机容量的 50.8%，美国常规水电装机容量占北美常规水电装机容量的 49.2%（见图 2.38）。

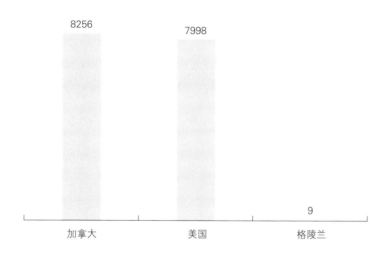

图 2.37　2021 年北美主要国家（地区）常规水电
装机容量（单位：万千瓦）

数据来源：《可再生能源装机容量统计 2022》《水电现状报告 2022》

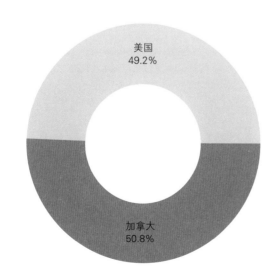

图 2.38　2021 年北美主要国家常规水电装机容量占比

北美常规水电装机容量较去年有所减少

北美常规水电装机容量
↓ **1.3%**

加拿大常规水电装机容量位居北美之首

加拿大常规水电装机容量占比
50.8%

北美抽水蓄能装机容量大幅增加

北美抽水蓄能装机容量
13.6% ↑

美国抽水蓄能装机容量位居北美之首

美国抽水蓄能装机容量占比
99.2%

拉丁美洲和加勒比水电装机容量呈波动态势

拉丁美洲和加勒比水电装机容量
0.4% ↓

巴西水电装机容量位居拉丁美洲和加勒比之首

巴西水电装机容量占比
55.0%

2.2.1.3 抽水蓄能现状

截至 2021 年年底，北美抽水蓄能装机容量 2209 万千瓦，比 2020 年增长 265 万千瓦，同比增长 13.6%。

截至 2021 年年底，美国抽水蓄能装机容量 2191 万千瓦，占北美抽水蓄能装机容量的 99.2%。比 2020 年抽水蓄能装机容量占比增加 0.1 个百分点。

2.2.2 拉丁美洲和加勒比

2.2.2.1 拉丁美洲和加勒比水电现状

2.2.2.1.1 装机容量

截至 2021 年年底，拉丁美洲和加勒比水电装机容量 19901 万千瓦，比 2020 年减少 87 万千瓦，同比减少 0.4%，减少的水电装机容量主要来自哥伦比亚，而新增水电装机容量的 61.7% 来自巴西。

截至 2021 年年底，巴西、委内瑞拉、墨西哥、哥伦比亚和阿根廷 5 个国家的水电装机容量均超过 1000 万千瓦（见图 2.39），占拉丁美洲和加勒比水电装机容量的 81.4%。其中，巴西水电装机容量占拉丁美洲和加勒比水电装机容量的 55.0%，比 2020 年增加了 0.3 个百分点，位居拉丁美洲和加勒比之首（见图 2.40）。

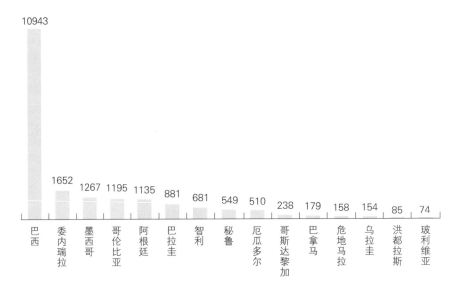

图 2.39 2021 年拉丁美洲和加勒比水电装机容量
前 15 位国家（单位：万千瓦）
数据来源：《可再生能源装机容量统计 2022》

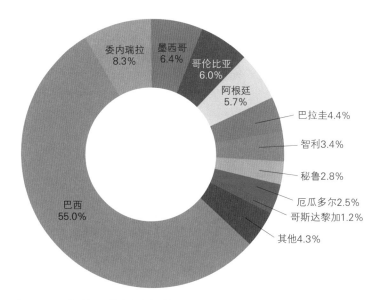

图 2.40　2021 年拉丁美洲和加勒比主要国家（地区）水电装机容量占比

2.2.2.1.2　发电量

2021 年，拉丁美洲和加勒比水电发电量 6319 亿千瓦时，比 2020 年减少 1088 亿千瓦时，同比下降 14.7%。

2021 年，巴西、委内瑞拉和哥伦比亚 3 个国家的水电发电量均超过 500 亿千瓦时（见图 2.41），占拉丁美洲和加勒比水电发电量的 72.9%。2021 年，巴西水电发电量 3410 亿千瓦时，占拉丁美洲和加勒比水电发电量的 54.0%（见图 2.42），比 2020 年减少了 1.3 个百分点。

拉丁美洲和加勒比水电发电量持续下降

拉丁美洲和加勒比水电发电量

↓ 14.7%

巴西水电发电量位居拉丁美洲和加勒比之首

巴西水电发电量占比

54.0%

图 2.41　2021 年拉丁美洲和加勒比水电发电量
前 15 位国家（单位：亿千瓦时）
数据来源：《水电现状报告 2022》

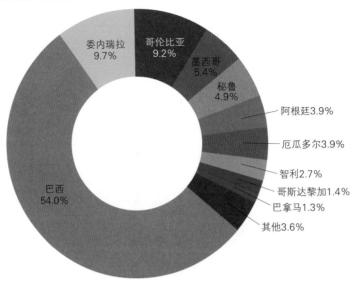

图 2.42　2021 年拉丁美洲和加勒比主要国家（地区）水电发电量占比

2.2.2.2　常规水电现状

拉丁美洲和加勒比
常规水电装机容量
呈波动态势

拉丁美洲和加勒比
常规水电装机容量

0.4% ↓

截至 2021 年年底，拉丁美洲和加勒比常规水电装机容量 1.98 亿千瓦，比 2020 年加上减少 87 万千瓦，同比降低 0.4%，减少的常规水电装机容量主要来自哥伦比亚，而新增常规水电装机容量的 61.7% 来自巴西。

截至 2021 年年底，巴西、委内瑞拉、墨西哥、哥伦比亚和阿根廷 5 个国家的常规水电装机容量均超过 1000 万千瓦（见图 2.43），

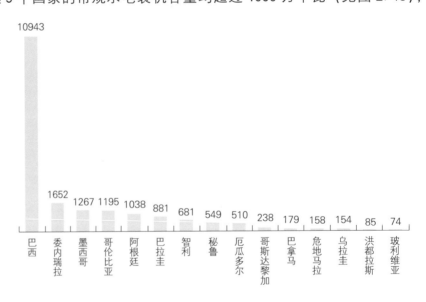

图 2.43　2021 年拉丁美洲和加勒比常规水电装机容量
前 15 位国家（单位：万千瓦）
数据来源：《可再生能源装机容量统计 2022》

占拉丁美洲和加勒比水电装机容量的 81.2%。其中，巴西常规水电装机容量占拉丁美洲和加勒比常规水电装机容量的 55.3%，比 2020 年增加了 0.3 个百分点（见图 2.44）。

巴西常规水电装机容量位居拉丁美洲和加勒比之首

巴西常规水电装机容量占比

55.3%

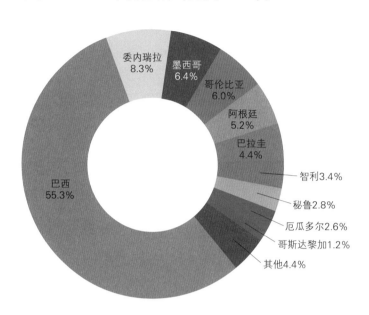

图 2.44　2021 年拉丁美洲和加勒比主要国家（地区）
常规水电装机容量占比

2.2.2.3　抽水蓄能现状

截至 2021 年年底，在拉丁美洲和加勒比，只有阿根廷开发建设了抽水蓄能电站，自 2008 年以来，装机容量始终保持为 97 万千瓦。

2.3　欧洲

2.3.1　水电现状

2.3.1.1　装机容量

截至 2021 年年底，欧洲水电装机容量 2.76 亿千瓦。欧洲水电装机容量比 2020 年增加 231 万千瓦，同比增加 0.8%，增加的水电装机容量主要来自挪威。

截至 2021 年年底，欧洲各国水电装机容量超过 1000 万千瓦的国家有 9 个，包括俄罗斯、挪威、法国、意大利、西班牙、瑞

欧洲水电装机容量增加

欧洲水电装机容量

↑ **0.8%**

典、瑞士、奥地利和德国（见图2.45），9个国家水电装机容量之和占欧洲水电装机容量的77.1%。其中，俄罗斯水电装机容量占欧洲水电装机容量的19.0%，位居欧洲各国之首（见图2.46）。

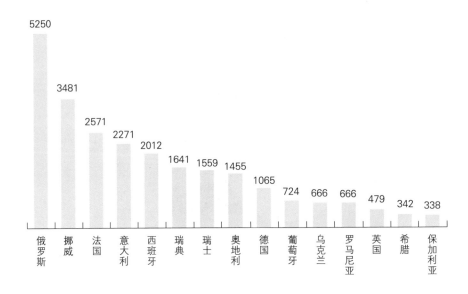

图2.45　2021年欧洲水电装机容量前15位国家（单位：万千瓦）
数据来源：《可再生能源装机容量统计2022》

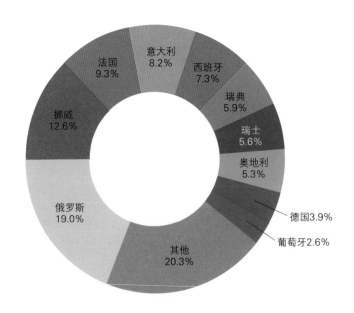

图2.46　2021年欧洲主要国家（地区）水电装机容量占比

2.3.1.2　发电量

2021年，欧洲水电发电量8262亿千瓦时，比2020年增加342亿千瓦时，同比增长4.3%。

2021年，俄罗斯、挪威、瑞典和法国4个国家的水电发电量均超过500亿千瓦时（见图2.47），占欧洲水电发电量的61.3%。其中，俄罗斯水电发电量占欧洲水电发电量的27.7%，位居欧洲之首（见图2.48）。

俄罗斯水电发电量位居欧洲之首

俄罗斯水电发电量占比

27.7%

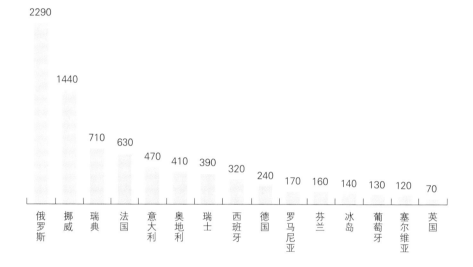

图 2.47　2021年欧洲水电发电量前15位国家（单位：亿千瓦时）

数据来源：《水电现状报告2022》

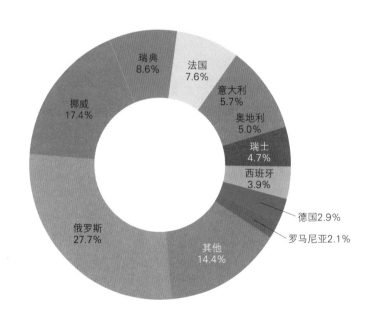

图 2.48　2021年欧洲主要国家（地区）水电发电量占比

2.3.2　常规水电现状

截至2021年年底，欧洲常规水电装机容量2.47亿千瓦，比

欧洲常规水电装机容量呈波动态势

欧洲常规水电装机容量
0.9%↑

俄罗斯常规水电装机容量位居欧洲之首

俄罗斯常规水电装机容量占比
20.7%

2020 年增加 229 万千瓦，同比增加 0.9%，增加的常规水电装机容量主要来自挪威。

截至 2021 年年底，欧洲常规水电装机容量超过 1000 万千瓦的国家有 8 个，包括俄罗斯、挪威、法国、意大利、西班牙、瑞典、瑞士和奥地利（见图 2.49），8 个国家常规水电装机容量之和占欧洲常规水电装机容量的 77.6%。其中，俄罗斯常规水电装机容量占欧洲常规水电装机容量的 20.7%，位居欧洲之首，比 2020 年增加了 0.1 个百分点（见图 2.50）。

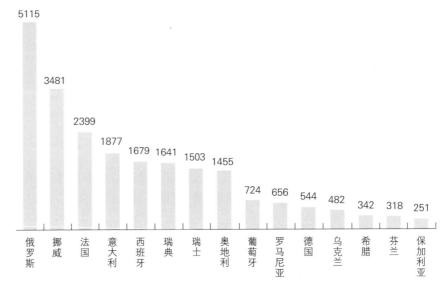

图 2.49　2021 年欧洲常规水电装机容量前 15 位国家（单位：万千瓦）

数据来源：《可再生能源装机容量统计 2022》

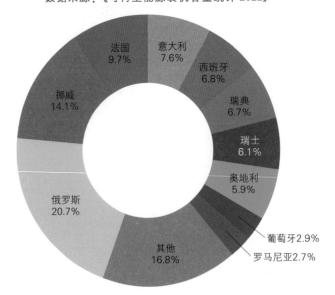

图 2.50　2021 年欧洲主要国家（地区）常规水电装机容量占比

2.3.3 抽水蓄能现状

截至 2021 年年底，欧洲抽水蓄能装机容量 2970 万千瓦，比 2020 年增加 2 万千瓦，同比增加 0.1%。

截至 2021 年年底，德国抽水蓄能装机容量 521 万千瓦（见图 2.51），占欧洲抽水蓄能装机容量的 17.6%，位居欧洲之首（见图 2.52）。

欧洲抽水蓄能装机容量缓慢增加

欧洲抽水蓄能装机容量
↑ **0.1%**

德国抽水蓄能装机容量位居欧洲之首

德国抽水蓄能装机容量占比
17.6%

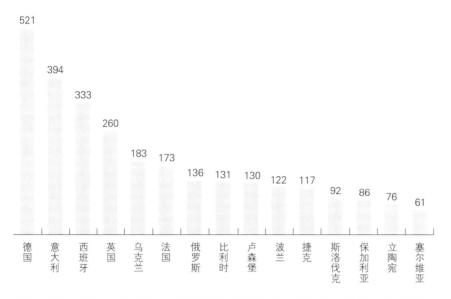

图 2.51　2021 年欧洲抽水蓄能装机容量前 15 位国家（单位：万千瓦）

数据来源：《可再生能源装机容量统计 2022》

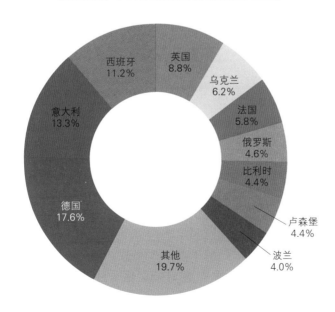

图 2.52　2021 年欧洲主要国家（地区）抽水蓄能装机容量占比

2.4 非洲

2.4.1 水电现状

2.4.1.1 装机容量

非洲水电装机容量
缓慢增长

非洲水电装机容量
0.7% ↑

埃塞俄比亚水电装机
容量位居非洲之首

埃塞俄比亚水电装机
容量占比
10.8%

截至 2021 年年底，非洲水电装机容量 3753 万千瓦，比 2020 年增加 26 万千瓦，同比增长 0.7%，新增水电装机容量的 62.7% 来自几内亚。

截至 2021 年年底，埃塞俄比亚、安哥拉和南非的水电装机容量均超过 300 万千瓦（见图 2.53），占非洲水电装机容量的 30.0%。其中，埃塞俄比亚水电装机容量占非洲水电装机容量的 10.8%，比 2020 年减少了 0.1 个百分点，位居非洲之首（见图 2.54）。

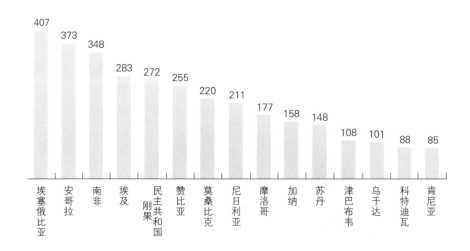

图 2.53 2021 年非洲水电装机容量前 15 位国家（单位：万千瓦）
数据来源：《可再生能源装机容量统计 2022》

非洲水电发电量增
速加快

非洲水电发电量
4.4% ↑

2.4.1.2 发电量

2021 年，非洲水电发电量 1457 亿千瓦时，比 2020 年增加 61 亿千瓦时，同比增加 4.4%。

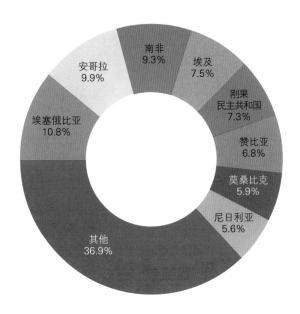

图 2.54　2021 年非洲主要国家（地区）水电装机容量占比

2021 年，赞比亚、莫桑比克、埃塞俄比亚、埃及和安哥拉的水电发电量均超过 100 亿千瓦时（见图 2.55），占非洲水电发电量的 47.3%。其中，赞比亚与莫桑比克水电发电量均占非洲水电发电量的 10.3%，位居非洲之首（见图 2.56）。

赞比亚与莫桑比克水电发电量位居非洲之首

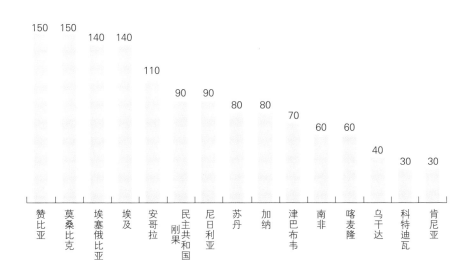

图 2.55　2021 年非洲水电发电量前 15 位国家（单位：亿千瓦时）

数据来源：《水电现状报告 2022》

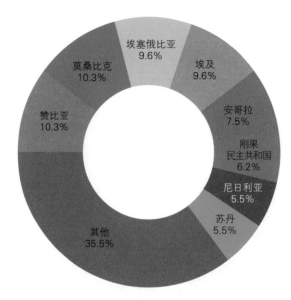

图 2.56　2021 年非洲主要国家（地区）水电发电量占比

2.4.2　常规水电现状

非洲常规水电装机容量增速放缓

非洲常规水电装机容量
0.8%↑

埃塞俄比亚常规水电装机容量位居非洲之首

埃塞俄比亚常规水电装机容量占比
11.9%

截至 2021 年年底，非洲常规水电装机容量 3433 万千瓦，比 2020 年增加 26 万千瓦，同比增长 0.8%，新增常规水电装机容量的 62.7% 来自几内亚。

截至 2021 年年底，非洲各国中仅埃塞俄比亚和安哥拉的常规水电装机容量超过 300 万千瓦（见图 2.57），占非洲常规水电装机容量的 22.8%，埃塞俄比亚常规水电装机容量位居非洲之首，与 2020 年持平（见图 2.58）。

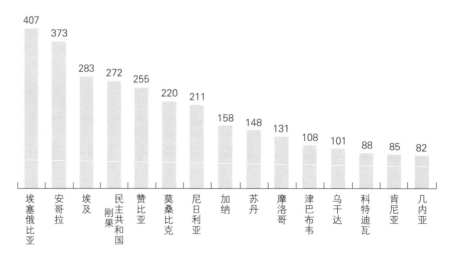

图 2.57　2021 年非洲常规水电装机容量前 15 位国家（单位：万千瓦）

数据来源：《可再生能源装机容量统计 2022》

图 2.58　2021 年非洲主要国家（地区）常规
水电装机容量占比

2.4.3　抽水蓄能现状

截至 2021 年年底，非洲抽水蓄能装机容量 320 万千瓦，与 2020 年持平。

截至 2021 年年底，非洲各国中仅南非和摩洛哥开发建设了抽水蓄能电站。其中，南非抽水蓄能装机容量占非洲抽水蓄能装机容量的 85.5%。截至 2021 年年底，南非抽水蓄能装机容量 273 万千瓦，与 2020 年持平。

非洲抽水蓄能装机容量

与 2020 年持平

南非抽水蓄能装机容量位居非洲之首

南非抽水蓄能装机容量占比
85.5%

2.5　大洋洲

2.5.1　水电现状

2.5.1.1　装机容量

截至 2021 年年底，大洋洲水电装机容量 1445 万千瓦，比 2020 年减少了 0.4 万千瓦，同比减少 0.03%。

截至 2021 年年底，澳大利亚和新西兰 2 个国家的水电装机容

大洋洲水电装机容量保持稳定

大洋洲水电装机容量
↓ 0.03%

澳大利亚水电装机容量位居大洋洲之首

澳大利亚水电装机容量占比
59.0%

量超过 500 万千瓦（见图 2.59），占大洋洲水电装机容量的 96.3%。其中，澳大利亚装机容量占大洋洲装机容量的 59.0%，位居大洋洲之首（见图 2.60）。

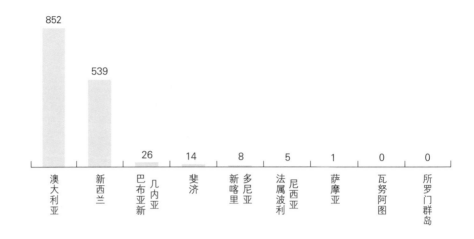

图 2.59　2021 年大洋洲主要国家（地区）水电装机容量（单位：万千瓦）

数据来源：《可再生能源装机容量统计 2022》

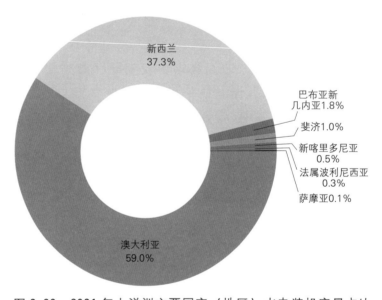

图 2.60　2021 年大洋洲主要国家（地区）水电装机容量占比

大洋洲水电发电量呈波动式态势

大洋洲水电发电量
2.8% ↑

2.5.1.2　发电量

2021 年，大洋洲水电发电量 417 亿千瓦时，比 2020 年增加 11 亿千瓦时，同比上升 2.8%。

2021 年，新西兰和澳大利亚 2 个国家的水电发电量均超过 100

亿千瓦时（见图 2.61），占大洋洲水电发电量的 95.8%。其中，新西兰水电发电量占大洋洲水电发电量的 57.6%，比 2020 年减少了 1.5 个百分点，位居大洋洲之首（见图 2.62）。

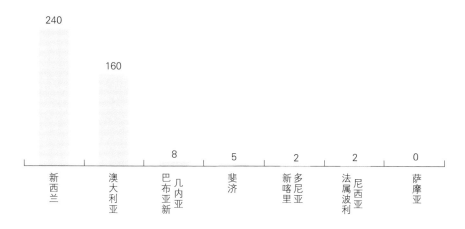

图 2.61 2021 年大洋洲主要国家（地区）水电发电量（单位：亿千瓦时）

数据来源：《水电现状报告 2022》

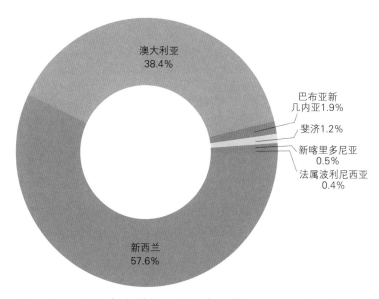

图 2.62 2021 年大洋洲主要国家（地区）水电发电量占比

2.5.2 常规水电现状

截至 2021 年年底，大洋洲常规水电装机容量 1364 万千瓦，比 2020 年减少了 0.5 万千瓦，同比减少 0.04%，减少的常规水电装机容量均来自澳大利亚。

澳大利亚常规水电
装机容量位居大洋
洲之首

澳大利亚常规水电
装机容量占比
56.5%

截至 2021 年年底，大洋洲各国中澳大利亚和新西兰 2 个国家的常规水电装机容量超过 500 万千瓦（见图 2.63），占大洋洲常规水电装机容量的 96.0%。其中，澳大利亚常规水电装机容量占大洋洲常规水电装机容量的 56.5%，位居大洋洲之首（见图 2.64）。

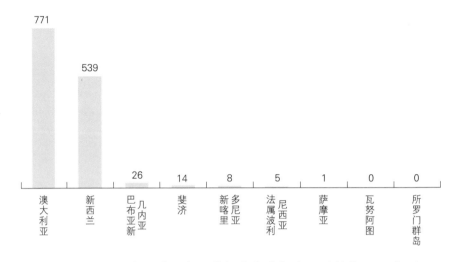

图 2.63　2021 年大洋洲各国常规水电装机容量（单位：万千瓦）

数据来源：《可再生能源装机容量统计 2022》

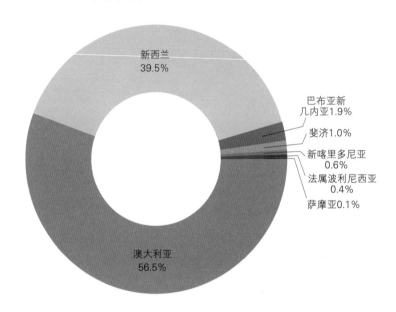

图 2.64　2021 年大洋洲主要国家（地区）常规水电装机容量占比

2.5.3　抽水蓄能现状

截至 2021 年年底，大洋洲各国中仅澳大利亚开发建设了抽水蓄能电站，装机容量 81 万千瓦，与 2020 年持平。

3

全球水电扩机

3.1 全球水电扩机潜力、现状与趋势

3.1.1 水电扩机潜力

根据《清洁能源：水电篇章》（*Clean Energy：Hydropower*），全球范围内拦河坝，堰，中、小型供水坝等水利设施缺少发电机组，具有巨大水电扩机潜力；在全球 45000 座坝高 30 米以上的水坝中，仅 25% 具有发电功能，剩余 75% 可通过加装水轮发电机组实现扩机，这表明现阶段存量水电具有较大扩机潜力。

根据橡树岭国家实验室（ORNL）发布的《无动力大坝扩机成本分析》（*Cost Analysis of Hydropower Options at Non‑Powered Dams*），美国有 90000 余座无动力大坝（Non‑power dams，NPDs，即坝高大于 3 米），若对这类 NPDs 进行扩机，预计可增加水电装机容量 12 吉瓦，相当于美国当前常规水电装机容量的 15%。

3.1.2 水电扩机现状

全球水电扩机类型主要有现有存量水电的老旧机组升级改造、NPDs 增加水力发电机组、水利设施（主要指输水管道）增加水力发电机组三种方式。目前，美国水电扩机容量主要来源于以下三个方面：

（1）存量水电扩机：包括老旧机组因使用年限过长而进行的升级改造；或针对机组过机流量太小，而对原有机组进行增容或增加机组数量，从而增加现有水电站的装机容量。

（2）输水水利设施新增发电机组：对市政灌溉渠、供水系统等水道新增的水力发电机组，从而新增的水电装机容量。

（3）无动力大坝（NPDs）新增发电机组：针对现有非发电大坝，利用现有大坝、水库、输水管道，通过增加部分厂房、部分输水管道和水力发电机组，改造为新的水电站，从而增加水电装机容量。

根据美国能源局（DOE）发布的《水电市场报告》（*Hydropower Market Report*），截至2021年年底，全球水电扩机项目（已建、在建和规划）共计4545个，总装机容量414吉瓦。在美国和加拿大，新增水电装机容量的36%来源于水电扩机（图3.1），扩机动力主要是老旧机组由于使用年限问题过长，而进行的升级改造。图3.1中，括号中的数值为扩机容量占总装机容量的百分比。

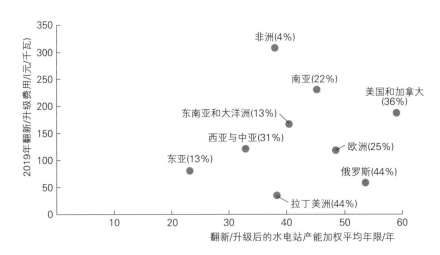

图3.1　各国（地区）不同使用年限的水电扩机费用
及对应的扩机容量占比
数据来源：《水电市场报告》

根据《水电市场报告》，2010—2020年，美国水电机组扩机增容1704吉瓦。其中，NPDs水电扩机类型占水电新增装机容量的93%，剩余增容容量均来自于对现有机组升级改造。从新增水力涡轮机数量上看（图3.2），自2010年以来，美国新增291个水力涡轮机中，79%是针对存量水电扩机。

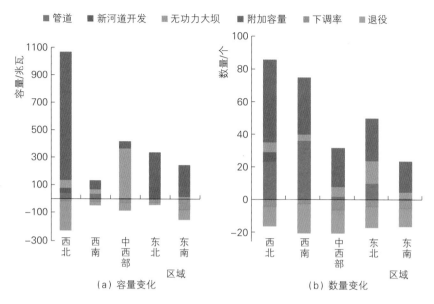

图 3.2 美国水电装机容量变化概况

数据来源：《水电市场报告》

3.1.3 水电扩机驱动力

根据《气候变化对联邦水电影响的第二次评估》（*The Second Assessment of the Effects of Climate Change on Federal Hydropower*）和《现有水电设施的增容监管方法》（*Regulatory Approaches for Adding Capacity to Existing Hydropower Facilities*），水电扩机主要驱动力来自两个方面：

（1）内在驱动力：机组年限、翻新或扩机成本、运行维护成本、运行模式。不同国家水电扩机驱动因素各异，欧美地区老旧设备升级改造是水电扩机的主要方式，东亚地区运行模式提升是扩机的主要驱动力。

（2）外界驱动力：货币成本、能源政策、环保影响、投资需求、投资利益、水电监管等。

3.1.4 水电扩机发展趋势

根据美国能源局发布的《水电市场报告》和《水电愿景：美国第一大可再生能源电源的新篇章》，水电扩机是美国 2050 年之前水电增长最主要形式；美国能源局预测，到2050年前，现有水利设施新增水力发电机组、NPDs增加水力发电机组和老旧机组翻新升级将占水电新增装机容量的90%以上；其中，存量水电老旧机组升级改造可将水电站原额定装机容量提高约10%～30%。

未来水电扩机目标主要集中在以下五个方面：

（1）为电网提供稳定能源，并增加电网弹性及其恢复力（resilience）。对现有存量水电进行扩机，提升备用容量，有利于电网恢复，增强系统抵御能力；电力系统能有效利用水电资源灵活应对风险，适应变化的环境，维持尽可能高的运行功能，并能迅速、高效恢复系统性能。但水电增加电网弹性受到水资源可用性的制约。

（2）满足高标准能源需求。水电扩机可提高水风光清洁能源综合基地清洁能源容量配比，并通过水电调节作用，将间歇性低碳可再生资源转化为高质量电能资源，满足负荷侧电能需求。

（3）经济性优势更加显著。与新建大坝相比，水电扩机所面临的商业风险和资本成本风险较低，特别是NPDs扩机方式可更好利用现有水电站基建设施，减少新建水电站面临的高额投资问题，也为水电发展探索新机遇，以及老化的水电基础设施改善吸引所急需的投资。

（4）环保性更加凸显。相较于新建水电站，水电扩机可最大限度地减少对自然栖息地和生态环境的影响。

（5）技术要求降低。相对于新建水电站，水电扩机所需的技术复杂性低。

3.2 全球水电扩机规模阈值

3.2.1 关键影响因素分析

根据《美国无动力大坝的能源潜力评估报告》（*An Assessment*

of Energy Potential at Non－Powered Dams in the United States），《美国新河道开发的能源潜力的评估》（*An Assessment of Energy Potential from New Stream Reach Development in the United States*），美国水电扩机规模是通过技术、经济、环境和监管四方面因素确定的。

（1）技术层面。水电扩机容量的确定方法主要包括设计保证率法和容量因子法，该方法突破点是最优发电净水头、设计保证率、倍比系数、机组综合效率提高百分比、水电站运行效率提高百分比等关键参数。

（2）经济层面。提高水电扩机投资资本的内部收益率，降低单位扩机成本，二者共同作用可减少水电扩机经济性对水电扩机阈值的制约，提升水电扩机规模阈值。

（3）环境层面。美国联邦能源管理委员会（FERC）要求水电扩机必须在不破坏生态环境的前提下实现清洁能源的可持续性发展；欧洲设置了水电扩机规模的监管阈值，150 兆瓦以上的水电扩机项目必须进行环境影响评价。

（4）监管层面。对小水电扩机可进行豁免，但对装机容量大于 10 兆瓦或项目最大发电量提高 15% 以上的水电扩机项目，进行监管及扩机容量审核和修订。

现阶段我国水电扩机的重点研究方向集中于扩机技术以及经济性层面。目前，我国采用的水电扩机规模确定方法主要基于水能计算，公式如下：

$$N = KHQ \tag{3.1}$$

$$K = g\eta_1\eta_2 \tag{3.2}$$

$$E = \sum_{i=1}^{n} N\Delta t_i \tag{3.3}$$

式中：Q 为通过水轮机的流量，立方米每秒；K 为传动效率；g 为常数，取 9.81；η_1 为水轮机的效率；η_2 为发电机的效率；H 为水电站的净水头，米；E 为水电站在单位时间内的发电量，千瓦时。

水能计算旨在确定水电站能量指标和运行参数，主要包括：

保证出力、保证电能、出力过程线、出力保证率曲线、装机容量和多年平均年发电量关系曲线、水头保证率曲线、运行特征水头。关键常用参数经验值取值：大型水电出力系数取值范围为8.3~8.5，中小型水电8.0~8.3，装机容量年利用小时数取值范围2000~5000 小时，设计保证率取值范围85%~98%。

现阶段，我国水电扩机在设计时首先考虑其安全运行，虽考虑了电力电量平衡，但未考虑电网结构、水风光互补特性、消纳和外送以及配合其他灵活电源或作为灵活电源的情况。

3.2.2　水电扩机容量阈值模型

3.2.2.1　容量因子法

《美国无动力大坝的能源潜力评估报告》提出了一种确定性方法量化 NPDs 的新增发电容量和发电量潜力。在开展水电扩机阈值计算前需明确水资源可利用性，可用两个主要水文变量，以及三个关键参数——降水（P）、径流（Q）、降水可利用径流所占的百分比（Q/P），评价水资源可用性。

图 3.3 给出了 NPDs 水能资源评估技术路线图，总体思路是通过资源评估、关键参数计算、经济性分析，综合权衡 NPDs 的扩机容量。

1. NPDs 水电扩机的发电量模型

NPDs 水电扩机发电量 $E_{潜}$ 采用如下公式计算：

$$E_{潜} = Q\Delta H\eta T \tag{3.4}$$

式中：ΔH 为水力发电水头；η 为发电效率，$\eta = 0.85$；Q 为发电期间平均流量。

由于部分 NPDs 缺乏流量数据，水电扩机发电量潜力评估精度较低。

在 NPDs 扩机规模计算时，需要满足以下条件之一：

（1）高危分类：若大坝垮塌，造成人员伤亡数量大于 1 人。

（2）重大危险等级：若大坝垮塌，可能会造成人员和重大财产损失或环境破坏。

（3）高度等于或超过 7.5 米，储存量超过 18500 立方米。

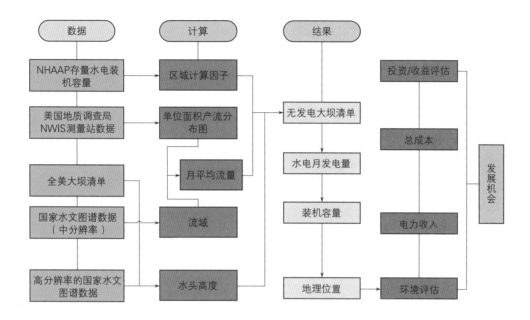

图 3.3　NPDs 水能资源评估技术路线图

数据来源：美国国家水信息系统（National Water Information System，NWIS）
发布的《美国无动力大坝的能源潜力评估》

（4）高度等于或超过 1.8 米，储存量超过 61500 立方米。

2. 容量因子及扩机容量

利用 NID（全美大坝清单）求解恒定总水头和月均流量，估值计算 NPDs 各月水力发电量。假设所有流量均用于水力发电，则每个月水力发电量逐月叠加可估算潜在年发电量，即代表 NPDs 最大理论发电量。

容量因子的计算公式如下：

$$C_f = 年发电量 / (水电站容量 \times 365 \times 24) \qquad (3.5)$$

若水电站所有机组全年连续运行，容量因子接近于 1。但是，由于流量随时间会有大幅波动，且水电站存在一定径流调节能力，实际容量因子远小于 1。根据全美现有水电站运行现状，统计得到区域容量因子（C_f），当前美国水电站的平均容量因子（等效于年小时利用率）为 35%～45%，再根据 NPDs 潜在发电量，代入公式（3.6），求得 NPDs 扩机容量 $P_{扩}$。

$$P_{扩} = \Delta E / (C_f \times 365 \times 24) \qquad (3.6)$$

扩机容量值是规划阶段采用的较粗略的估算数据，尚未考虑运行阶段的经济限制因素。水电扩机是针对已运行水电站，还需考虑经济性限制，因此实际的水电扩机容量将小于上述计算值。

3. 水力发电总水头

水力高度可作为水力发电总水头 ΔH 计算的最佳参考，但各国对水力高度的认定标准不同（见图 3.4）。部分地区由于数据缺乏，简单地将水力高度等同于大坝高度。因此，根据"经验法则"估算，将 NIDs 高度的 70% 定为水力高度，具体过程如下：

（1）若未提供水力高度，水力发电总水头 ＝ 0.7×NIDs 高度。

（2）若水力高度、NIDs 均已知，且二者相等，水力发电总水头等于 0.7×NIDs 高度。

（3）若水力高度、NIDs 均已知，但水力高度大于 0.7×NIDs，水力发电总水头 ＝ 0.7×NIDs。

（4）若水力高度、NIDs 均已知，但水力高度小于 0.7×NIDs，水力发电总水头等于水力高度。

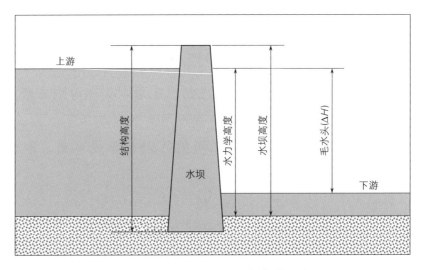

图 3.4　各种类型的水力高度的示意图
数据来源：《美国无动力大坝的能源潜力评估》

4. 月平均流量

测量河流断面流量是估算水力发电可用流量最可靠的方法，但许多 NPDs 未设置监测断面，数据缺乏。因此，需通过其他方法间接获得 NPDs 月均流量，计算公式如下：

$$月均流量 ＝ 集水面积 × 径流量 \qquad (3.7)$$

式中："集水面积"是指高程大于 NPDs 以上的集水面面积；"径流量"是 NPDs 集水区归一化径流（即单位面积的月均产水量）。

为避免因简化估算而导致结果出现较大误差，需引入质量控制程序，以确保估计值的准确性。

5. 质量控制

质量控制主要步骤包括扣除河流旁边水库的库区面积、流量调整、水头调整、扣除正在施工的场地等。

3.2.2.2 设计保证率法

1. 技术路线

设计保证率法是美国计算水电扩机潜在容量的另一种常用方法。通过对流域边界、河流形状、地形和水资源的可用性分析，并与相关技术手段、开发成本、平均能源成本相结合，确定水电扩机潜力。设计保证率法计算水电扩机的技术路线如图 3.5 所示。

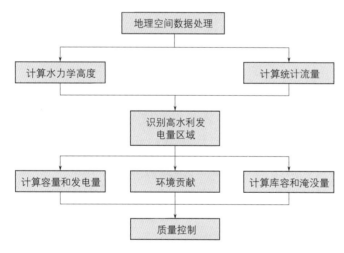

图 3.5　水电扩机设计保证率法技术路线图

数据来源：《美国新河道开发的能源潜力的评估》

具体步骤如下：①选取目标河流，并确定研究范围；②按照河流流场差异，划分河流断面（NHDplus）（图 3.6）；③计算参考高度（H_{ref}）；④计算设计保证率对应的流量（Q_{30}）；⑤NPDs 水电扩机位置选择；⑥计算水库库容，并划分淹没面积（A_{NSD}）；⑦计算水电发电功率（P_{NSD}）和水电发电量（E_{NSD}）；⑧涡轮机的选择和初步的成本估算；⑨质量控制。

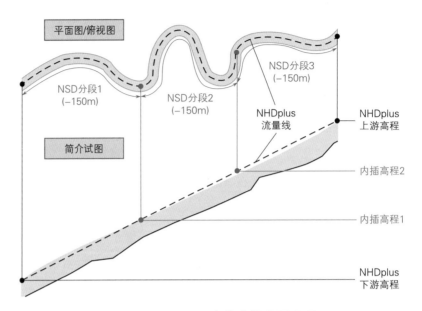

图 3.6　NHDplus 流线离散化展示图

数据来源：《美国新河道开发的能源潜力的评估》

2. 水电扩机容量初步匡算

水电初步扩机容量计算步骤如下：

水电扩机容量 P 通过净水头 H 和流量 Q 计算，公式如下：

$$P = \eta \times \gamma \times H \times Q \times c \tag{3.8}$$

式中：η 为发电效率，美国水电扩机中设置为 0.85；γ 为水的比重（重度），取值为 9800N/m³；c 为单位转换系数，取值为 0.3048[4]。

最大流量 Q_{max} 和所有水力发电机组过机流量之和（$Q_{tur,all}$）并非完全相等，需考虑水库蓄水和运行方式。从日均流量随时间变化曲线中选择设计保证率等于 30% 下对应的流量 Q_{30}，取值 $Q_{max} = Q_{30}$。

扩机后水电站每日能利用最大水量为 $T_{day} \times Q_{30}$，其中，$T_{day} = 24$ 小时。结合恒定水头假设，相应的最大日发电量 $E_{max,day}$ 为

$$E_{max} = \eta \times \gamma \times c \times Q_{30} \times T_{day} \tag{3.9}$$

3. 水电扩机设计容量

在实际工况中，水电扩机容量需考虑到水电站日内运行差异，以及与其他能源（如核电、燃煤、天然气发电厂和可变可再生能源）的灵活性整合。

设计容量保证率法引入日运行时间设计值 T_{opr}，得到水电扩机设计容量 P_{design}：

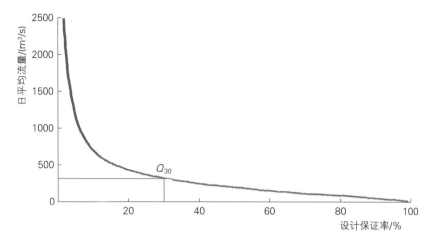

图 3.7　流量-保证率曲线
数据来源：《美国新河道水电开发的能源潜力的评估》

$$P_{\text{design}} = G_{\text{max, day}} / T_{\text{opr}} \qquad (3.10)$$

$$Q_{\text{tur,all}} = Q_{30} \frac{T_{\text{day}}}{T_{\text{opr}}} \qquad (3.11)$$

式中：$Q_{\text{tur,all}}$ 为水轮机实际的过机总流量。

最终获取水电扩机设计功率，计算公式如下：

$$P_{\text{design}} = \eta \gamma H \left(Q_{30} \frac{T_{\text{day}}}{T_{\text{opr}}} \right) c = c \eta \gamma H Q_{\text{tur,all}} \qquad (3.12)$$

4. 设计保证率优化

现阶段，美国水电扩机设计保证率定为 30%。根据图 3.7 的流量-保证率曲线关系图，若当设计保证率从 80% 降至 30% 时，水电扩机容量阈值将提高 2 倍。

设计保证率选取是一个优化求解过程，荷兰确定设计保证率是基于动态规划模型优化求解，水电扩机容量阈值优化过程如图 3.8 所示。

按照图 3.8 所示流程，选取荷兰某个水电站为算例，基于动态规划模型测算水电扩机优化容量，计算结果如图 3.9 所示，研究表明：当前设计保证率需为 58%，但设计保证率需降至 25%，才能实现水电扩机容量最优。

满足最优设计保证率的前提下，与扩机前相比，仅增加 51% 的投资成本，水电扩机容量可达到原有装机容量的 66%，发电量可提高 23%（图 3.10）。但是，仅从售电收入和发电成本角度分析，每千瓦时电量价格将从 0.77 元提高至 0.97 元，水电扩机后单位电量成本增加，亟须从容量电价角度回收水电扩机投资成本。

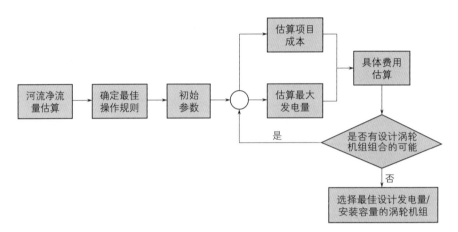

图 3.8　水电扩机容量阈值优化过程

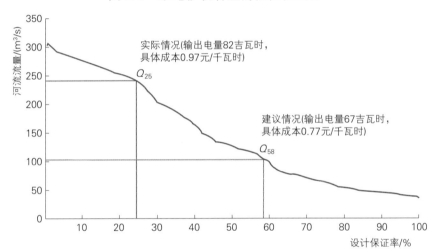

图 3.9　流量–设计保证率关系曲线

数据来源：《河流水电站容量的优化》

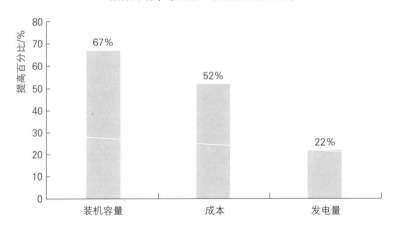

图 3.10　降低设计保证率后的水电工况

数据来源：《河流水电站容量的优化》

根据《水电工程水利计算规范》（NB/T 10083—2018），我国关于设计保证率主要根据经验参数设定固定参考数值，大中型水电选取 80%～98%，小型水电选取 50%～80%。设计保证率选择是基于发电量、投资、年利用小时数制定的。以龙羊峡水电站为例，水电站在扩机中将设计保证率从原设计阶段采用的 95%降至 90%，装机容量增加 10%，且所接入电网仍可承受。

综上，设计保证率是美国、欧洲计算水电扩机容量中重要的参数之一，该数值可通过动态容量模型优化。与国际情况相比，我国设计保证率取值相对保守，与经济发展水平和电网电源结构（风光间歇性能源占比低等）有关。今后，可借鉴国际经验，选取更为积极的设计保证率，通过构建动态容量优化模型，并综合考虑新型电力系统对灵活电源的需求，科学界定设计保证率取值。

5. 倍比系数

鉴于水电站日均运行时间设计值 T_{opr} 的复杂性和较大的不确定性，对于调节能力有限的小水电站，一般经验参数取值为 $T_{opr}=$ 24 小时。中型和大型河流具有一定调节能力的水库电站，$\dfrac{T_{day}}{T_{opr}}$（即是我国的"倍比系数"）是设计保证率法的关键参数。现阶段美国小水电倍比系数取值为 1，中型水电在 1.67～2.5 之间，大型水电在 2～4 之间。

我国龙羊峡水电站在扩机容量计算中，将倍比系数由水电站设计阶段的 2.17 提至 2.53。对于具有一定调节能力的水电站，面向电网调峰电源需求，可选择较大的倍比系数。例如，东北水电扩机中倍比系数为 6～9，湖南大型水电站扩机中倍比系数取值 7.85。

然而，倍比系数与电力系统负荷需求、电源结构变化、调节性能有关，理论上与影响因素存在函数关系。考虑到电网辅助服务的时间需求以及抽水蓄能电站的发电调节能力，较大的倍比系数可带来更多收益，但倍比系数在不同电力系统中取值的合理性和范围有待进一步研究确定。

3.3 全球水电扩机的经济性

3.3.1 投资概况

根据 ORNL 发布的《无动力大坝扩机成本分析》和《水电费用基准模型（第二版）》（*Hydropower Baseline Cost Modeling, Version 2*），截至 2021 年，全球水电和抽水蓄能电站（PSH）投资金额（计划和在建）达 7.1 万亿元；其中，约有 10% 的投资用于水电扩机；单个水电扩机平均成本约为 2.3 亿元，个别水电扩机项目支出甚至达 64.5 亿元，例如，加拿大 Mactaquac 水电站扩机、塔吉克斯坦 Rogun 水电站扩机、美国 Robert Moses Niagara 水电站扩机。

图 3.11 展示了全球各地区新建水电、水电站扩机（含水电增加机组和老旧机组升级改造投资）投资情况。亚洲地区、美国和加拿大水电扩机总投资全球领先。

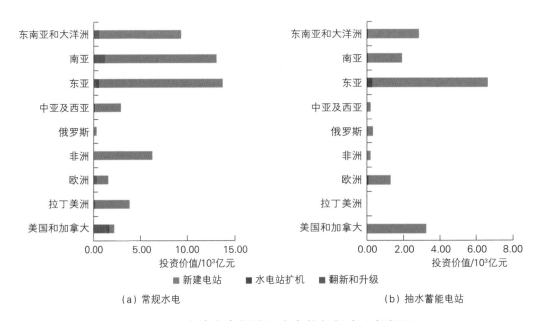

（a）常规水电

（b）抽水蓄能电站

■新建电站 ■水电站扩机 ■翻新和升级

图 3.11 全球水电新建和水电扩机投资金额概况
数据来源：《水电市场报告》

非洲水电扩机数量多，集中在水电老旧机组升级改造，规模较小，在新增水电装机中的占比接近 4%；新增水电装机以新建水电站为主。墨西哥、中美洲和南美洲，单位千瓦的水电扩机总投资费用较低，但水电扩机规模在新增水电装机中的占比接近50%；新增水电装机以新建水电站和存量水电扩机各占一半。

根据美国水电协会发布的《水电扩机工程融资分析报告2021》（ *Project Financing of New Hydropower Development at Existing Non-Powered Dams* 2021 ）及 ORNL 发布的《水电费用基准模型（第二版）》，鉴于老旧机组升级改造投资集中于单个机组，根据实际运行工况需求对老旧机组升级改造，成本虽然高于预期，但仍明显低于新建水电。表 3.1 表明，美国 5 个代表性水电扩机项目内部收益率（IRR）为 8%～12%，显著高于新建水电站的 2%～4%。

表 3.1　　　　　　　美国代表性水电扩机的经济成本概况

电 站 名 称	IRR/%
马赫宁大坝（Mahoning Creek Dam）	8
阿勒格尼大坝（Allegheny Dam）	9
埃姆斯沃斯 2 号大坝（Dam No.2，Emsworth Dam）	11
奥弗顿水闸大坝（Overton Lock and Dam）	12
瑟斯兰大坝（Smlthland Dam）	10

注　数据来源：《非发电水库新增发电功能的融资报告》2021。

根据 FERC 公开的数据，美国新建水电站 IRR 为 2%～4%，水电扩机 IRR 为 4%～16%，水电扩机经济性更优。由于水电扩机的内部收益率需高于传统新建大型水电站的 8%。因此，美国水电投资方常把内部收益率大于 8% 作为水电扩机的投资标准。但 8%～12% 的范围仍难以满足一些投资者要求，为获取更好的回报，开发商通过先进的技术创新，提高可操作性、效率和投资回报率。

3.3.2　投资评价指标

1. 内部收益率（IRR）

经济性是影响全球水电扩机进程的重要因素。美国水电扩机投资方普遍关注的经济指标是自有资金内部收益率（IRR）。这个指标是投资方衡量水电扩机的重要经济前提。

2. 水电扩机初始资本成本（ICC）

水电扩机初始资本成本（ICC）是大型水电扩机经济性评估的重要评估参数之一，主要包括土建、机电设备、电力基础设施、工程和施工管理成本。图3.12提供了按水电扩机类别平均ICC及其不确定性分布区间。高水头NPD扩机成本最低，新溪流计划（NSD）的ICC最高，低水头NPD的ICC成本居中。水利设施加装发电设施的扩机成本居中，但其不确定性最大，这是由于水利设施情况更复杂多样。例如，直接利用现有水利设施管道，仅需增加水电机组，成本较低；若还需新建管道和厂房等，成本会较高。

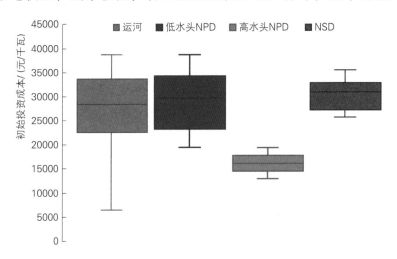

图3.12　美国在建水电及已建水电的ICC分布情况
数据来源：《水电基线成本建模（第二版）》

四种水电扩机类型的成本组成如图3.13所示，土建费用占比最高，为41%～50%；水力机械设备费用占比为26%～37%；工程管理费用占比为13%～22%；电气成本占比最低，仅为3%～10%。因此，土建工程和设备成本是水电扩机成本的主要组成部分，降低土建和设备成本有助于推动水电扩机工作。

美国根据不同水电扩机项目的成本估算和影响因素，拟合获得ICC评估模型和适用范围，见表3.2。

上述水电扩机成本模型适用于扩机成本涵盖新增或改造发电设施、水库结构、输水管道等工程的水电站，未包括环境保护措施相关成本。

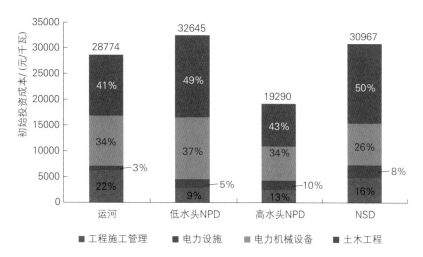

图 3.13 当前在建水电及已建水电的 ICC 明细

数据来源：《水电基线成本建模（第二版）》

表 3.2 ICC 模型及其适用范围

资源分类	ICC 模型	适用范围	
		P/兆瓦	H/英尺
NPD	$ICC = 11449295 P^{0.976} H^{-0.24}$	0.07～105	4.3～108.5
NSD	$ICC = 9605710 P^{0.977} H^{-0.126}$	3～824	5.9～577.9
运河	$ICC = 9297820 P^{0.810} H^{-0.102}$	0.01～13	1.5～563.0
抽水蓄能	$ICC = 3008246 Pe^{-0.000776p}$	40～1150	—
额外项目	$ICC = 4163746 P^{-0.741}$	1.4～64	—
老旧机组改造（Gen. Rewind）	$ICC = 250147 P^{0.817}$	12～2250	—

3. 平准化度电成本

平准化度电成本（LCOE）作为量化指标，最早应用于火电、水电、气电等传统能源项目的发电成本计算，之后逐步拓展到新能源行业。这个指标是将项目生命周期内的成本和发电量按照一定折现率进行折现后，计算得到的发电成本（即项目生命周期内的总成本现值/总发电量现值），通常与电价进行对比，具有一定的指导意义。该项指标考虑了成本和发电量估算的所有假设，如效率、容量系数、通货膨胀率、利率等。LCOE 也运用于水电扩机进行成本预可行性评估，旨在评价成本组成各部分 NPDs 水电扩机中的重要性。

3.3.3　经济性核算方法

根据《水电基线成本建模（第二版）》，水电扩机经济性采用每年与其他能源竞争的开发成本表示，包括政策审批、许可证获得相关、建设、环境保护措施、固定和可变运行维护，以及机组设施等各类成本。水电扩机经济性计算公式如下：

$$\begin{cases} C_{development} = \phi \times A \times P_{design}^{B} \times \Delta h_i^{C} \times S^{D} \\[2mm] C_{O\&M} = A \times P_{design}^{B} \times \Delta h_i^{C} \times S^{D} \\[2mm] C_{oe} = \dfrac{C_{development} + C_{O\&M}}{E_t} \end{cases} \tag{3.13}$$

式中：$C_{development}$ 和 $C_{O\&M}$ 为水电开发和运行维护成本；ϕ 为固定收费率（FCR）（无量纲）；E_t 为水电扩机发电量潜力；P_{design}^{B} 为水电扩机设计容量；Δh_i^{C} 为水头；S 为发电机转速；A、B、C 和 D 为与涡轮机类型有关的参数。

扩机所选涡轮机类型根据设计流量（Q_{30}）和水头确定。美国垦务局（Bureau of Reclamation）给出了涡轮机选择参考表（即流量–水头对应关系表），用于确定各网格推荐的水轮机类型，包括混流式、卡普兰式、佩尔顿式、未来低水头式四种。

3.3.4　成本影响因素

水电扩机成本具有诸多不确定性（图3.13），扩机容量和水头是影响成本的两个最关键因素。例如，若选20米（66英尺）作为高低水头判定标准，美国高水头水电扩机成本仅为低水头的41%；各种扩机类型中，水利设施增加发电机组成本不确定性最高，更需关注经济性。此外，美国水电技术创新的重点集中于降低低水头涡轮机成本。

3.4　全球水电扩机的技术创新

3.4.1　扩机类型与技术创新导向

技术创新可提高水电扩机经济性已成为行业共识，也是未来方向。根据《水工技术：低水头应用技术的实践和创新》（*Hy-dropower Geotechnical Foundations：Current Practice and Innovation Opportunities for Low -Head Applications*）、《水电蓄能开发促进水电与环境和谐发展白皮书》［*Deployment of Energy Storage to Improve Environmental Outcomes of Hydropower（White Paper）*］，通过技术创新，可减少水电扩机成本的5%～35.3%；经济性增强也将有利于提高水电扩机规模阈值。

1. 技术创新类型

现阶段，各种新技术、新材料和制造工艺应用于水电扩机，旨在提升扩机经济性，例如：①减少钢筋混凝土结构规模；②使用替代材料和复合材料代替铸铁和钢铁；③水电输水管道的标准化设计；④新型涡轮机创新技术可极大减少土建施工；⑤鱼类友好型水轮机设计；⑥涡轮机等相关机电设备的3D智能打印建造；⑦小水电设备的标准化设计、安装；⑧组件模块化，便于项目运行维护。

当前，葡萄牙、德国、荷兰等欧洲国家正尝试开发新型水电扩机技术，如在现有水电大坝或围堰上增设矩阵式涡轮机。

欧洲水电扩机面临的新挑战是日益增加的水库泥沙。欧洲水库年沉淀量以每年0.73%的速度增加，即若不采取排沙清淤措施，80%可用水库库容将被泥沙填满。鉴于此，欧洲水电扩机除了开发新技术以外，还考虑同步采用水库库容淤积创新技术。

2. 新型涡轮机研发

大多数新型水力涡轮机技术创新是基于反作用力式、卡普兰式水轮机，旨在减少土建工程，提升施工、操作和维护的便利性，改善低水头性能等。

3. 模块化设计安装技术

由于新建输水系统费用占比较大，采用水轮机等机电设备的模块化安装可减少施工费用，减少成本14%～77%。此外，采用标准化模块设计，可最大限度地减少动力系统制造和安装成本，并有效降低动力系统的物理干扰。创新流体力学、机械和电气设计概念，提高机组旋转速度，减少涡轮机设计尺寸（直径和长度），进而降低成本。

4. 新材料技术创新

采用非钢材料，如纤维增强聚合物（FRP）碳纤维织物代替钢材，使用高密度聚乙烯（HDPE）作为衬管，可降低 2.1%～21% 的成本，扩机规模阈值提高幅度大于 2%～9%，实现发电量的增加。

5. 增加水轮机和电网互联创新技术

（1）新型同步发电机可使用无刷控制励磁，如图 3.14 所示。同步机组直接与电网直连，无需滑环，有效降低机组成本，且能与电网直连，从电力系统整体系统角度降低水电扩机的输电成本。

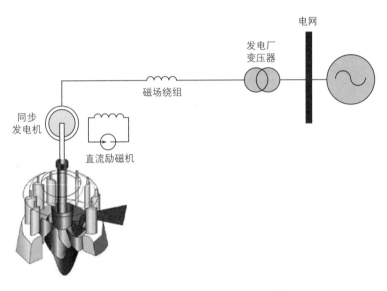

图 3.14 水轮机－电网直连系统

数据来源：《电力系统下的抽水蓄能电站》

（2）涡轮机-电网直连新型控制技术。采用新型电力电子涡轮机作为扩机机组，更好维持电网整体电压和频率稳定，从而提升水电厂-电网的整体经济效益；创新设计新控制系统，实现水轮机与电网的快速、高效互动；研发现代化设备和控制策略（如改进传感器和控制单元），有效管理过机流量，增加现有来水量的有效利用。

6. 可逆式输电机组的新技术

（1）可扩展的 PSH 设施设计，使用商业水泵、涡轮机、管道、水箱和阀门集成和模块化安装，降低 PSH 部署成本。

（2）混合型 PSH 技术设计，从固定单一速度升级为可变速机组。

3.4.2 技术创新与水电扩机阈值的关系

根据《水工技术：低水头应用技术的实践和创新》，美国 NPDs 扩机潜力变化与技术创新密切相关。如图 3.15 所示，纵坐标表示水电扩机的机会成本，可用市场电价或相关市场替代电价表示。"未开发但有竞争力"属于曲线的向上倾斜部分，单位成本比大多数已经开发的水电设施高，但与其他发电来源相比仍有竞争力。"未开发且无竞争力"，代表了大部分剩余未开发水电的潜力，未开发是因技术难度过大，抑或是成本过高、效益过低等经济原因。未开发水电竞争力的提升，必须依靠突破性技术、法规和其他方面的支持。阴影区域表明了新的支持方案可降低扩机成本，从而提高水电扩机容量的潜力。

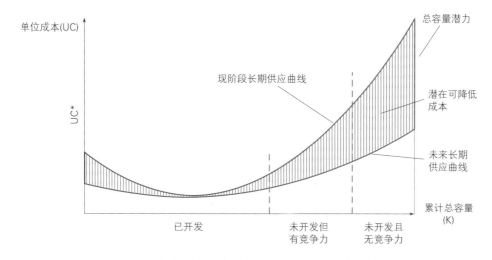

图 3.15　水电发展不同状态下的容量－收益曲线图

数据来源：《2020 年无发电设施大坝增加水电设施方案的成本分析》

3.5　主要激励措施

根据 ORNL 发布的《无动力大坝扩机成本分析》，未来提高 NPDs 扩机经济性的主要措施包括：①对小型水电扩机集约化，实现扩机规模化，提高银行对低成本投资的兴趣；②优先选择靠近电力负荷中心的水电扩机项目，提高水电扩机战略规划水平；③发布专业金融报告，公开投资细节，提高投资者对水电扩机领域的认识；④水电扩机许可证办法和审批手续进行现代化管理，简化流程；⑤减税、税收优惠、补贴等政策经济手段；⑥增加水电扩机融资市场的绿证交易。

4

全球长时储能和水电长时储能

4.1 现状与挑战

4.1.1 背景与必要性

4.1.1.1 优势与前景

根据《零碳电力：可再生能源电网中的长时储能 2022》（*Net-Zero Power Long Duration Energy Storage for a Renewable Grid* 2022），在遏制全球气候变化进程的背景下，亟须构建以可再生能源发电为主的零碳电力系统。可再生能源发电比例增加带来三个挑战：电力供需失衡、电力传输模式变化、电力系统稳定性降低。

长时储能可通过提高电力系统灵活性应对挑战。长时储能类型多样，基本原理是通过机械、热、电化学及化学手段实现能源的存储和释放，提供跨时、跨日、跨周的电力系统灵活性。

现有长时储能技术较多，但发展程度迥异，一些技术完成了商业化进程，但仍有一些技术处于研发试验阶段。当前长时储能的利用效率仍处于较低水平，但未来增长趋势呈指数型增长。根据《零碳电力：可再生能源电网中的长时储能》预测（见图4.1），为构建成本最优的零碳电力系统，在未来 20 年内长时储能规模将急剧增加，预 2040 年将达到当前水平的近 400 倍，装机容量达到 15 亿~25 亿千瓦（850 亿~1400 亿千瓦时），届时全网10％的电量需使用长时储能存储。

　　根据《零碳电力：可再生能源电网中的长时储能》预测（图4.1），长时储能成本最优化仍有 60％ 的下降空间。2022—2024年，全球长时储能的总投资额将达到 9.7 万亿~19.4 万亿元，相当于输配电工程 2~4 年的投资，具有较好的经济和环境效益。若市场机制体制建立健全，有助于长时储能商业规模化开发。

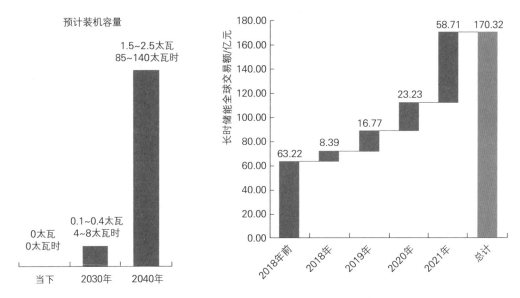

图 4.1　长时储能装机容量与产业投入预测
来源：《零碳电力：可再生能源电网中的长时储能》

4.1.1.2　必要性与发展思路

　　根据《储能五步走》（*Five Steps to Energy Storage*），世界能源委员会自 2009 年着手统计能源决策者在能源转型过程中的关注点，为能源优先发展领域提供急需的基础数据和经验。2015年以来，储能和可再生能源已成为全球能源发展的主旋律，各国在能源转型过程中尽可能地融入储能技术和可再生能源，能源转型快慢取决于储能技术的发展速度和程度。

　　电力系统呈现多样性特征，其对灵活储能技术产业的需求越来越大。例如，电网亟须更好消纳间歇性可再生能源，推出更廉价的充放电储能技术。全球范围内储能技术快速发展，离不开政策支持和市场机制支撑。在能源系统顶层设计上的某些缺失阻碍了现有储能技术效益的有效发挥，若想改变现状，需要储能产业、决策者及监管者在储能发展思路上达成共识，同时市场需要给予新储能技术更多的发展机会，增加储能方式的多样性。

《储能五步走》基于三个原则（顶层设计、聚焦储能助力深度脱碳和鼓励技术公开），为储能技术开发者和决策者制定了技术突破的五个步骤：①创造公平竞争环境：明确储能在能源系统中的作用，关注储能如何更好地为能源转型服务；②建立沟通平台：为储能产业发展的所有利益相关者提供交流平台，充分掌握各方的潜在需求，考虑是否有比储能更合适的替代技术；③充分挖掘储能潜在价值：面向能源市场的各种服务，提供储能系统的展示平台，挖掘储能技术多重市场服务能力；④建立因地制宜支持政策：收集各种储能政策，根据储能产业发展的实际情况选择最适宜的政策，避免出现政策的"水土不服"；⑤信息共享：做好储能研发"打持久战"的准备，重点关注长时储能技术，保证储能产业等领域的信息共享。

4.1.1.3　成本与发展趋势

2021年6月，美国能源局召开Earthshot峰会，对降低长时储能成本提出明确目标，要求在未来十年降低10小时以上长时储能成本的90%。储能具有加速电网脱碳潜力，短时储能可支持当前较低可再生能源发电比例的电网系统；随着电网可再生能源发电比例的增加，电网对长时储能技术的需求不断增大。廉价、高效的储能技术可存储并转移可再生清洁能源，实现低负荷需求多余电能充电，高负荷需求放电。长时储能技术包括电化学型、机械型、热型、化学型等，为满足电网灵活性，需研发满足特定储能时长和成本目标的技术组合。

4.1.2　概念与原理

根据《美国储能系统：市场形势与前景》（*Energy Storage Grand Challenge：Energy Storage Market Report*），表征储能能力通常采用两个指标：功率容量和能量。储能设备放电能力一般以功率容量衡量，即该设备能够输出的功率总和，以千瓦计。储能设备持续放电时间有限，储能时长一般采用该设备以最大放电功率持续放电的时长，以小时计。储能设备的能量一般为该设备能够存储和输出的能量总和，以千瓦时计。

美国能源信息署将与电网直接相连且额定功率容量大于1000千瓦的储能设备称为大型储能系统；而与配电网相连并为终端用户供电、额定功率容量小于1000千瓦的则为小型储能系统。

根据《美国储能系统：市场形势与前景》，基于额定储能时长的长短差异，将储能系统（设备）分为短时、中时和长时三类，对应的额定储能时长分别为小于0.5小时、0.5～2小时和大于2小时。美国Sandia国家实验室2021年发布的《长时储能政策概述》（*Energy Storage Overview*），美国能源局对长时储能时长的定义范围更大，为10～100小时。美国加利福尼亚州（以下简称加州）电网供电商定义额定功率为5万千瓦电池，储能时长为8小时。美国Form Energy能源开发商与明尼苏达州电网签订的长时储能项目中，储能时长为150小时。由此可见，美国电力部门对长时储能时长阈值标准并为达成统一。

根据美国Sandia国家实验室2021年出版的《长时储能政策概述》，在宏观尺度评估储能技术优劣的关键因素包括储能系统的规模、瞬时放电容量、充放电效率、运行寿命等；而在微观尺度上，评估面临的最大挑战是储能时长标准尚未达成共识。由于时长标准缺失，长时储能技术应该满足何种标准也未明确规定，导致相关市场机制体制仍未健全。

评估长时储能容量和性能时，仅用"长时"并不精准，不可避免要明确"时长"的标准。评估过程中不仅要考虑长时储能可存储能量的多少，也要考虑其放电能力。在目前缺乏时长阈值标准的情况下，评估工作难以量化。目前，储能产业中已形成长时储能技术，其放电时长范围为6～1000小时，该时长可用来反映储能技术对能量的存储能力。

美国电力机构提出长时储能技术在电网侧发挥调节作用，应提供至少6～12小时的放电时长，时长范围与其他研究建议的持续放电时长10小时大致吻合，即是新能源发电日内变化量需要的最短放电时长。

尽管目前对于储能时长缺乏统一标准，但长时储能技术已成为满足储能需求和提升电网灵活性的重要途径。依靠长时储能提供数小时、数天乃至数周的放电时长，助力消纳间歇式新能源，为电网提供备用功率和弹性，提高电网输配电的可持续性。

4.1.3   按储能原理分类及特征参数

4.1.3.1   技术概况

根据《零碳电力：可再生能源电网中的长时储能》，长时储能涵盖了技术和市场成熟度迥异的各类技术，除传统锂电池、氢储能和大型地上抽水蓄能外，还有一些灵活性更高的新型储能技术。锂电池受制于能量密度过低，扩大其适用范围导致成本增加，作为长时储能的竞争力下降；氢储能叠加涡轮和燃料电池发电可用作长时储能，但因储能时长短、效益低而不具竞争力；大型地上抽水蓄能一般受地形、地质等地理条件制约。

新型长时储能按照储能类别可分为机械型、热型、化学型以及电化学型，如图 4.2 所示。

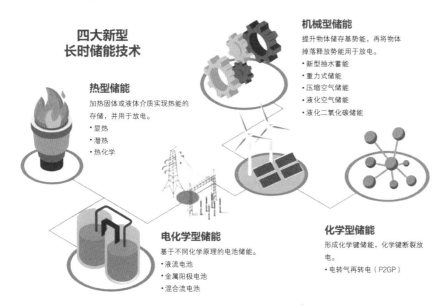

图 4.2   新型长时储能技术类别
来源：《零碳电力：可再生能源电网中的长时储能》

1. 机械型长时储能

抽水蓄能是目前最成熟、应用最广泛的机械型长时储能技术，占全世界储能容量的 95%。新型抽水蓄能的出现，克服了传统抽水蓄能对地势条件的依赖性，如地下抽水蓄能，利用与地上抽水蓄能相同的原理，而使用地下水库完成储能。其他新型机械型储能技术包括压缩空气储能（CAES）和重力式储能。压缩空气储能将空气压缩至地上或地下的控压仓中完成储能，因控压仓完全绝热，压缩空气储能也可存储压缩空气过程产生的热量，用于放电。重力式储能是另一种具有广泛应用前景的机械型储能技术，通过抬升重物存储能量并在需要时放电，该技术目前处于商业化初期。

液化二氧化碳储能。在室温条件下压缩二氧化碳储能，并在闭环中通过涡轮放电，无二次排放。液化空气储能技术（LAES）与压缩空气储能的工作原理类似，均需要压缩气体，不同的是液化空气储能在低压条件下使用电能冷却和液化气体，存于低温罐中。

2. 热型长时储能

热型长时储能技术以热能的形式存储电能，再将热能转化为流体驱动热机做功放电。根据存储热量原理的不同，热型储能技术可分为显热（升高介质的温度）、潜热（改变介质的相态）和电化学热（诱导吸热或放热反应）三类。常用的储热介质包括熔融盐、混凝土、铝合金、石料等，存于绝热容器中。放电设备的选择较为多样，包括电阻加热器、热机或高温热泵等。

目前，应用最多的热型长时储能技术为熔融盐耦合聚光太阳能发电（即光热发电）。与其他新型长时储能技术不同，该光热发电需选在太阳辐射较高区域，聚光太阳能发电占地面积大、装置非组装且安装难度大等因素限制了该技术的应用。

3. 化学型长时储能

化学型长时储能系统通过形成化学键存储能量，基于电转气理念使用最多的两种技术为"电转氢转电"和"电转合成气转电"。"电转氢"中利用电流驱动电解装置产生氢气存储于容器、洞穴或管道中，再将氢气输送至涡轮或燃料电池放电。如果将氢气与二氧化碳混合，通过二次反应产生甲烷，形成与天然气性质类似的合成气，存储该气体并在传统的火电厂燃烧放电。此外，氢气也可转化为氨用于直接燃烧放电。

4. 电化学型长时储能

基于不同化学反应制造的电池可满足长时储能的灵活性要求。

液流电池是利用正负极电解液分开、各自循环的一种高性能蓄电池，推动溶液流经一系列反应单元，借助选择性透过膜的过滤作用完成充放电过程。液流电池适合用于长时储能，其化学试剂和设备成本均较低。新型金属空气电池采用廉价且分布广泛的金属、水和空气作为原料，安装成本低，推广潜力大；由于不存在热逃逸问题，安装和运行均较为安全。新型液体与金属电极复合的混合流电池，融合了传统液流电池与金属电极的优点，具有较好的应用前景。

4.1.3.2　经济技术参数

《零碳电力：可再生能源电网中的长时储能》对四类新型长时储能技术的最大功率容量、最大储能时长、充放电效率、市场成熟度等参数进行了对比，见表 4.1。由表 4.1 可知，机械型长时储能技术通常具有较高的功率容量，最大可达 100 万千瓦，充放电效率较高，可达 90%，但储能时长较短，仅满足日内灵活性需求；在众多储能技术中，新型抽水蓄能和压缩空气储能已形成一定的商业市场。

表 4.1　　　　　　　长时储能类型和关键参数

长时储能类型	储能技术	最大功率容量/万千瓦	最大储能时长/小时	充放电效率/%	市场成熟度
机械型	新型抽水储能	1～10	0～15	50～80	商业化
	重力式储能	2～100	0～15	70～90	试验阶段
	压缩空气储能	20～50	6～24	40～70	商业化
	液化空气储能	5～10	10～25	40～70	初步商业化
	液化二氧化碳储能	1～50	4～24	70～80	试验阶段
热型	显热（熔融盐、石料、混凝土）	1～50	200	55～90	研发阶段
	潜热（铝合金）	1～10	25～100	20～50	商业化
	热化学（沸石、硅胶）	—	—	—	研发阶段
化学型	P2GP（氢气、合成气）	1～10	500～1000	40～70	初步商业化
电化学型	液流电池	1～10	25～100	50～80	初步商业化
	金属阳极	1～10	50～200	40～70	研发阶段
	混合流电池	＞10	25～50	55～75	商业化

注　来源：《零碳电力：可再生能源电网中的长时储能》。

热型长时储能技术功率容量较小，充放电效率变化范围达到20%～90%，可满足跨天灵活性。但是，仅有潜热（铝合金为储热介质）长时储能技术达到商业市场水平，其他热型技术仍处于研发阶段。电化学和化学型长时储能技术功率容量最小，充放电效率高，亦能满足跨天灵活性，部分技术完成商业化。化学型长时储能（电转气再转电技术"P2GP"）可满足跨月灵活性（最大储能时长达41天），处于初步商业化阶段，应用前景可观。

与传统储能技术相比，大多数新型长时储能技术应用过程中的限制性因素较少，无须像传统抽水蓄能一样需要满足地形势要求，单位装机容量的占地面积更小。一些新型储能技术的设施装置可建在地下，因安全性高还可建在靠近人口密集的区域。此外，新型长时储能技术大多具有单元式组装结构，施工周期短；运行阶段根据需求可快速增容改造。

在新能源电网升级改造时，也可对配套的长时储能设备进行扩容，以提升电网灵活性。某些长时储能技术存在再利用火电厂装置的潜力，如用于气体存储的场地可改造为压缩空气储能系统，燃煤发电或燃气发电厂可改造为热型长时储能装置。热型长时储能通过热电耦合、终端脱碳为电网提供了额外的灵活性。

从原料可行性来看，长时储能技术依赖于已有的供应链，大多数技术核心元件及配套设施建造使用的原料来源均较为丰富，未来出现供应短缺的可能性较小。而锂电池储能技术需要镍、锰、钴等原料，全球65%的钴都来自刚果，供应短缺限制了该技术的发展。某些长时储能设备生产过程中采用了稀有金属（如钒），电动机或发电机则采用稀土磁性材料，目前还未出现原料供应短缺，但其发展终将受到原料限制。

4.1.3.3 长时储能在零碳电力的作用

根据《零碳电力：可再生能源电网中的长时储能》，为实现零碳经济和温控1.5℃的目标，电力系统需在2040年前完成脱碳任务，高比例新能源并网对电力系统的可靠性和稳定性将产生影响。电力系统完全脱碳需要克服三个挑战：电力供需失衡，电力传输模式改变及系统稳定性下降。通过增加不同时间跨度的电力系统灵活性可解决以上三个问题：日内灵活性（小于 12 小时）、跨天和跨周灵活性（12 小时至数周）、跨季灵活性以及应对极端天气事件灵活性。

现有提高电力系统灵活性的解决方案，可能产生碳排放（如燃气发电厂），或受到成本影响（如锂电池），均不理想。长时储能技术是实现高效低成本电力传输最理想路径。电力系统在迅速消纳大量新能源电力时，可能出现安全性、稳定性等一系列问题；构建零碳电力系统需要借助长时储能技术（储能时长 8～150 小时）提供不同类型的系统灵活性。不同时长需求的灵活性解决方案见表 4.2，由表 4.2 可知，只有新型长时储能技术满足了日内、跨天、跨周和跨季的电网灵活性需求。

表 4.2　　　　　不同时长需求的灵活性解决方案比较

灵活性时长	电力系统挑战	分配式发电	电网加固	削减发电量或电价补贴	锂电池	新型长时储能技术	需求响应
日内	间歇性日内发电	☑		☑	☑	☑	☑
	电网稳定性下降	☑			☑	☑	√
跨天和跨周	跨天失衡	☑	√	√	√	☑	
	电网阻塞	√	☑	☑	√	☑	
跨季	跨季失衡	☑	☑			☑	
	极端天气事件	☑				☑	

注　1. 来源：《零碳电力：可再生能源电网中的长时储能》。
　　2. ☑已解决；√部分解决。

1. 长时储能提供日内灵活性

日内灵活性需求指连续 12 小时以内时长的灵活性，维持电网稳定性并提供调峰服务。锂电池是目前最廉价、零碳排放并能提供 4 小时电网平衡服务的技术。在 4～8 小时的时长范围内，长时储能技术、需求响应机制、削减发电量等手段可满足电网灵活性需求。在该时长范围内，锂电池（4 小时系统）的成本低于 2580 元/千瓦时，未来 10 年内将下降为 1290 元/千瓦时。随着电网中可再生能源发电比例的增加，8～12 小时时长的灵活性需求将增大，并成为长时储能技术的重要市场。

2. 长时储能提供跨天和跨周灵活性

跨天和跨周灵活性需求包括 12 小时至数天或数周时长，需要解决期间可再生能源发电的长时间供需失衡，或输电容量限制引发的供电中断等问题。电网系统主要依靠常规电厂、电力供应削减、输电网扩建等方式应对跨天和跨周灵活性需求，而长时储能技术为电网长时灵活性需求提供了新选择，尤其是满足持续数天的灵活性需求。

3. 长时储能提供跨季和极端天气灵活性

跨季灵活性需求源自太阳辐射、风速、温度、降雨等因素持续数周或数月的自然变化，同时也源自极端天气事件的发生。电网加固、超大型可再生能源发电、削减可再生能源发电比例、分配式发电（包括氢气、沼气和天然气的碳捕获与封存技术）等方式均可满足跨季灵活性需求。长时储能技术亦能满足跨季灵活性需求，同时还可提高极端天气条件下的电网弹性。

4.1.4 运用情景

4.1.4.1 典型运用场景

根据《长时储能政策概述》，美国电力行业在储能技术的市场开发上取得了长足进步，市场的出现意味着技术应用的落地，同时储能技术应用出现了相关配套政策框架，这对长时储能技术的应用至关重要。美国电力行业有很多政策已划定了储能技术可为批发或零售电力市场提供的服务类型，包括：①大型能源服务（如套利、平滑可再生能源发电、调峰等）；②辅助服务（如频率调节、旋转或非旋转备用、电压支撑、黑启动等）；③输电基础设施服务（如输电升级延迟、输电减阻等）；④配电基础设施服务（如配电升级延迟、电压支撑等）；⑤客户能源管理服务（如电力质量、电力可靠性、零售电能时移、需量电费管理）。

4.1.4.2 特定运用场景

根据《长时储能政策概述》，尽管长时储能具有较大的市场前景，但是目前开发商还未找准长时储能技术盈利的市场定位。随着新能源装机和发电量的快速增长，新能源置换当前使用能源场景将频繁出现，储能需求变化带来的问题将更加凸显，长时储能技术将越来越重要。从政府监管层面看，避免长时储能设备出现闲置至关重要，特别是应对极端事件或跨季储能的区域。

目前，全球储能技术主要运用于提供较短放电时长的储能技术，以满足电网可靠性（如电压和频率支撑、备用容量和管理）需求。但是，短时长储能尚难以支撑美国多个州/地区的脱碳目标，只有长时储能技术才可满足电网的复杂需求（如负荷转移、调峰、消纳等）。

4.1.5 面临的挑战

根据《储能五步走》，影响储能技术在市场中发挥作用的关键因素包括：能源行业主管部门政策支撑力度和时间持续性，电池储能技术瓶颈，监管框架完善性、市场激励措施及应用示范经费支持，以及储能技术利益相关者间的博弈（能源生产商、分销商、系统运营商及消费者）。

针对储能技术发展，顶层设计较为重要，图 4.3 总结了不同政策组合导向下，储能技术可能出现的四种发展水平：

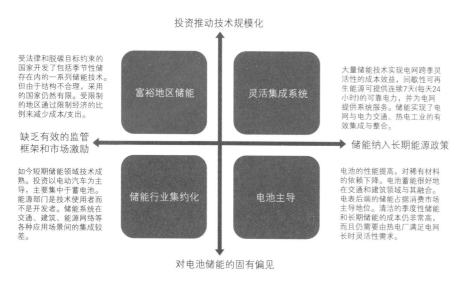

图 4.3 储能技术发展的促进和抑制因素
来源：《储能五步走》

（1）在长期能源政策和大力投资的双重推动下，呈现储能技术全面发展情景。

（2）仅有技术投资，缺乏有利的监管框架和市场激励措施，呈现局部地区储能技术高度发达情景。

（3）仅有长期能源政策但仍以电池为储能主导，将出现电池与电表后端储能主导情景。

（4）以电池储能为主导，同时缺乏有利的监管框架和市场激励措施，将出现储能技术低水平发展的情景。

因此，建立健全政策激励和监管措施，大力拉动投资是储能技术发展的关键。

4.2 成本与效益

4.2.1 储能时长与成本的关系

根据《美国储能系统：市场形势与前景》，电池储能系统额定储能时长不同，可分为三大类：短时、中时和长时储能，分别对应的额定储能时长分别是小于 0.5 小时、0.5～2 小时及大于 2 小时。

针对美国 2013—2017 年已建大型电池储能系统数据进行统计分析，不同储能时长系统的特征参数见表 4.3。表 4.3 结果表明，电池储能系统成本与其功率容量和能量密切相关。

美国 2013—2017 年电池储能系统成本数据表明：短时储能系统的容量成本低于长时储能系统（见表 4.3 和图 4.4）；但能量成本变化呈相反趋势，长时储能能量成本低于短时系统，对系统总成本的分摊作用更显著。此外，储能系统的容量成本和能量成本也受技术和建设场地要求的影响显著。

表 4.3　　　　不同储能时长大型电池储能成本比较

特征参数	短时储能 （＜0.5 小时）	中时储能 （0.5～2 小时）	长时储能 （＞2 小时）
电池储能系统数量	22	20	16
平均额定功率容量/千瓦	11700	7200	6000
平均额定能量/千瓦时	4200	6600	23500

续表

特征参数	短时储能 （<0.5 小时）	中时储能 （0.5~2 小时）	长时储能 （>2 小时）
额定储能时长/小时	0.4	1.1	4.2
容量成本/(元/千瓦)	5574	10026	19393
能量成本/(元/千瓦时)	15645	11032	4981

注　来源：美国能源信息署年度发电报告。

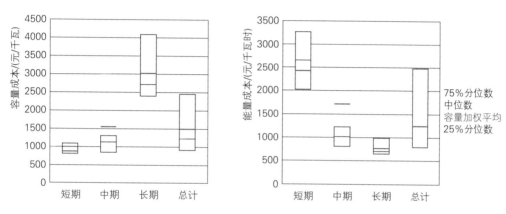

图 4.4　不同储能时长大型电池储能系统总装机成本（2013—2017 年）

来源：美国能源信息署年度发电报告

4.2.2　储能规模与成本的关系

4.2.2.1　美国长时储能技术成本与装机规模的关系

根据《电网储能技术成本和性能评估》（*Grid Energy Storage Technology Cost and Performance Assessment*），美国 2020 年长时储能技术（储能时长大于 10 小时）装机容量对其容量成本和能量成本的影响如图 4.5 所示，即不同长时储能技术容量成本和能量成本随装机容量增大而显著下降。

在各种储能方式中，装机容量（万千瓦）每扩大一个数量级，抽水蓄能的容量成本和能量成本下降程度最大，分别达16.07%和16.24%；铅酸电池容量成本和能量成本下降程度最小，下降百分比范围为 5.82%~6.44%。

不同长时储能技术装机容量规模及成本差异较为显著。压缩空气储能的装机容量规模最大，达到 10 万~1000 万千瓦，成本最低，容量成本和能量成本的变化范围分别为6497~7677 元/千瓦和

652～768 元/千瓦时。铅酸电池和液流电池的装机容量仅有压缩空气储能的百分之一，其容量成本和能量成本均为压缩空气储能的近 4 倍。

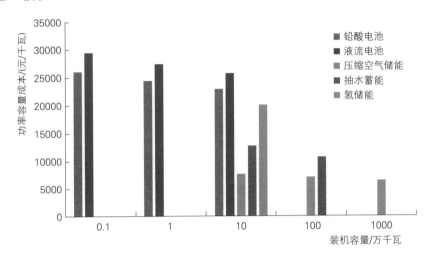

图 4.5　美国长时储能技术装机容量对容量成本和能量成本的影响
来源：《电网储能技术成本和性能评估》

4.2.2.2　2030 年储能成本预测

根据《电网储能技术成本和性能评估》，对美国 2030 年长时储能技术（储能时长大于 10 小时）的容量成本和能量成本进行预测，结果如图 4.6 所示。

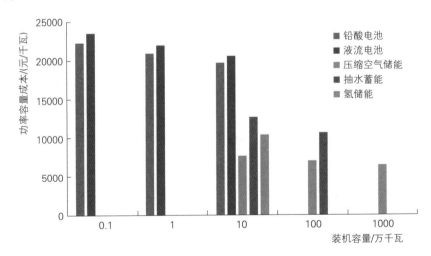

图 4.6　美国 2030 年长时储能技术的容量成本和能量成本预测
来源：《电网储能技术成本和性能评估》

与 2020 年相比，除抽水蓄能外，其他长时储能两种类型成本几乎以等比例下降。各种储能方式中，氢储能容量成本和能量成本分别下降 10400 元/千瓦和 1039 元/千瓦时，下降幅度最大，下降百分比分别为 48.28％和 48.40％。不同装机容量的液流电池和铅酸电池两种成本的下降幅度接近，下降比例分别为 20.16％和 14.42％。压缩空气储能的两个成本几乎无变化，下降幅度在 1％以内。

由此可见，水电长时储能容量成本和能量成本在储能规模上具有显著优势，是未来长时储能的重要备选。

4.2.3 储能成本的敏感性分析

根据《零碳电力：可再生能源电网中的长时储能》，对于任何替代性新技术，优良性能、低廉成本是推广的关键。长时储能技术关键成本参数包括：能量成本（元/千瓦时，或能量资本支出）、容量成本（元/千瓦，或功率资本支出）、运维成本（元/千瓦年）和充放电循环效率。

国际长时储能委员会根据全球上万个长时储能案例，将长时储能时长划分为两类，即 8～24 小时和大于 24 小时；对两类长时储能技术的成本和效益参数进行预测，比选获取未来 10 年更具竞争性的储能时长。研究表明，储能技术能量成本对脱碳总成本敏感性最高，是深度脱碳目标下反映成本的最佳指标。

（1）长时储能系统成本、性能和初步商业化。随着技术迭代速率的提高，长时储能在降低成本方面潜力突出，两种时长的储能系统均对技术迭代速率具有敏感性，75％～90％的装机成本受到技术发展的影响（见图 4.7）。8～24 小时时长的储能系统中，36％的装机成本极易受到技术迭代速率的影响；而大于 24 小时时长的储能系统，因采购成本占比的下降该比例上升至 53％。

储能技术成本下降幅度受两个因素影响：①储能技术行业部署的广度、供应商的开发水平及对供应链的认知程度；②先进储能系统生产成本降低和生产总量增长程度。

与其他低碳灵活性储能系统（如锂电池和氢储能）相比，长时储能技术成本下降速率决定技术融合程度。在实际应用中，技术模块化程度、市场参与度、服务多样性等是长时储能实现快速商业化的关键因素。

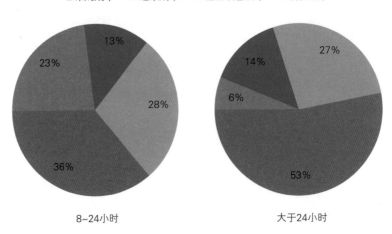

图 4.7　两种储能时长模式对技术迭代速率的敏感性分析比较
来源：《国际长时储能委员会技术标准》

（2）商业化推动长时储能成本下降、充放电效率提高。两种时长储能系统的容量成本和能量成本的变化情况预测如图 4.8 所示，2040 年长时储能容量成本将降至 2450～6200 元/千瓦，而锂电池和单循环燃气轮机的容量成本分别为 387～710 元/千瓦和 5161～5806 元/千瓦；长时储能的能量成本将降至 26～110 元/千瓦时，仅是同期锂电池能量成本的 5.71%～21.25%。两种时长的长时储能系统，包括充放电设备和其他配套设施成本在内的容量成本下降近 60%，未来 10 年这种成本下降程度最为剧烈，长时储能系统标准设备成本下降速度将快于配套设施成本。

8～24 小时长时储能系统，因在较短储能时长与较高充放电循环需求方面更具市场竞争力，其容量成本更低；大于 24 小时的长时储能系统，因在较长储能时长和较低充放电循环需求方面更具市场，其能量成本比 8～24 小时系统低近 3 倍。

长时储能系统运维成本将在 2025—2040 年显著下降，因大型储能设备装机建设，每年将下降 9.7～64.5 元/千瓦。大于 24 小时储能系统建造规模更大，其运维成本比 8～24 小时系统低近 10 倍。

到 2040 年，大于 24 小时储能系统的充放电效率可达到 55%，而 8～24 小时系统可升至 75%（见图 4.9）。随着材料科学

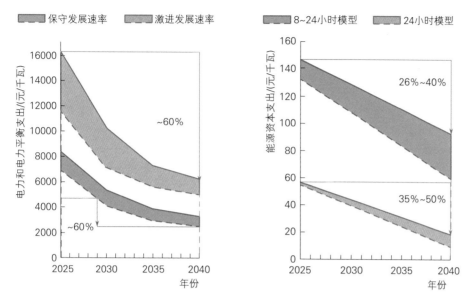

图 4.8　两种储能时长系统的容量成本和能量成本变化预测
来源：《国际长时储能委员会技术标准》

发展和储能系统设计优化，储能系统充放电效率提升目标有望在 2035 年前实现。

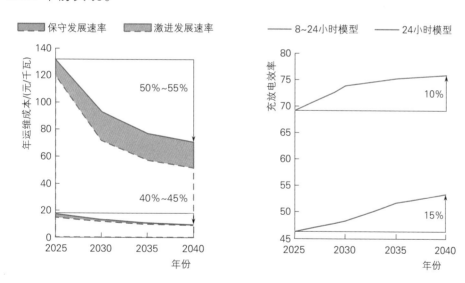

图 4.9　两种储能时长系统年运维成本和充放电效率变化比较
来源：《国际长时储能委员会技术标准》

　　（3）技术发展和规模化量产是成本下降的最大驱动力。技术研发和量产是预期成本下降的关键动力。各种因素对长时储能系统总成本下降的影响预测如图 4.10 所示，通过技术研发和规模化量产，8～24 小时储能系统和大于 24 小时系统成本将分别下降 45％和 50％，生产供应链的优化升级对总成本下降的影响相对较小。

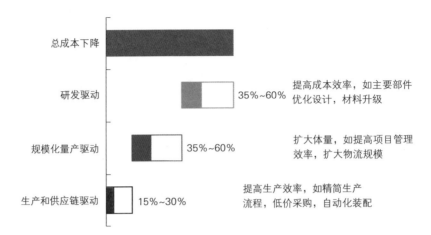

图 4.10　长时储能系统总成本下降的影响因素预测
来源:《国际长时储能委员会技术标准》

4.2.4　长时储能效益来源

根据《高比例新能源电力系统中长时储能经济性分析》(*Benefit Analysis of Long-Duration Energy Storage in Power Systems with High Renewable Energy Shares*),采用美国可再生能源国家实验室研发的区域电力调度系统软件(ReEDS),研究美国西部电网长时储能技术产生的经济效益。

情景设置:2050 年,电力系统总装机容量为 4.54 亿千瓦,新能源渗透率为 85%,总负荷为 11276 亿千瓦时,峰值负荷为 2.01 亿千瓦,电网系统年运营成本 224.5 亿元,新能源年削减负荷达到 619 亿千瓦时。

2050 年,电源侧风电、光电、水电、气电的装机占比分别为 33%、28%、19% 和 11%,剩余 9% 为地热、核电和火电等。

储能装机容量结构:抽水蓄能 0.2 亿千瓦,占 67%;电池储能 0.06 亿千瓦,占 20%;压缩空气储能 0.04 亿千瓦,占 13%。

选取西部电网中南加利福尼亚(Southern California)区域作为典型案例进行模拟,该区域电力需求高,可变可再生能源发电配比高,对长时储能技术支持政策多,模拟结果更具代表性。涉及长时储能技术包括氢储能、P2GP、压缩空气储能、液流电池和抽水蓄能,设置了 4 种长时储能系统充放电效率情景,分别为

40%、60%、70%和80%。

4.2.4.1　电力系统效益

根据《高比例新能源电力系统中长时储能经济性分析》，长时储能通过价格套利完成电量时移，降低机组关启成本，提高机组发电效率，减小电网阻塞发生概率，减少输配电投资，并为电网提供辅助服务和弹性支持等诸多效益来源。其中，长时储能在能源套利、机组效率提升、机组关启成本减少、电网阻塞成本降低等方面效益较突出，详述如下。

1.　能源套利

储能系统通过在低电价或电力过剩时充电，高电价或高供电需求时放电完成套利。能源套利可能导致可变可再生能源发电比例下降，出现移峰填谷，或利用电价波动套利等。对于短时储能系统，只能捕捉电网日内峰谷负荷特征，以及可再生能源发电情况。长时储能可在更长的时间内实现电能转移，在低电力需求的周末储能，在高电力需求的工作日放电；在新能源发电量高的春季和冬季储能，在电力需求高的夏季放电。

2.　机组效率提升

储能通过调节燃气发电机组的运行设定值提高其发电效率。传统天然气燃气轮机和天然气联合循环发电机在部分负荷条件下，效率曲线迅速下降。储能系统可用来调节燃气发电机组的部分负荷临界点，降低燃料使用量，进而降低总成本。

3.　机组关启成本减少

机组关启成本的降低主要源于发电机关启次数的减少。对于火电厂和核电厂，整个电厂机组的关闭和启动费用极高。以2050年美国西部电网为例，天然气燃气轮机组、天然气联合循环发电机组、燃煤发电机组和核电机组，每完成一次机组启动的平均成本分别约为1.3万元、19.4万元、7.7万元和64.5万元。

4.　电网阻塞成本降低

当电网输电容量不足时导致低成本电力无法输送，即发生电网阻塞，可能产生极高的阻塞成本。若电网中包括了储能系统，在非阻塞时段充电，在局部电力需求升高时放电，可降低电网的高峰输电容量需求，避免潜在的高电网阻塞成本。长时储能系统若安装在出现电网阻塞上游的输电干线上，可通过逆流供电进一步缓解阻塞状况。

4.2.4.2 节点边际电价收益

长时储能可为电网提供能源的日内转移和季节转移，分析电网的净负荷和节点边际电价全年逐时变化数据，可为长时储能找到套利机会。2050 年，在美国西部电网示范区基准情景下（未使用长时储能技术），电网净负荷和节点边际电价的逐时变化情况如图 4.11 所示，其中红线代表净负荷为 0 的情况，即电力需求与可变可再生能源发电量相等。由图 4.11（a）可知，春季和夏季出现了大量运行时间内电网净负荷为负值的情况，即可变可再生能源发电量高于实际负荷。由图 4.11（b）的节点边际电价曲线可知，节点边际电价为 0 的情况主要发生在春季和夏季，这与电网出现净负荷为负值的时间段一致。

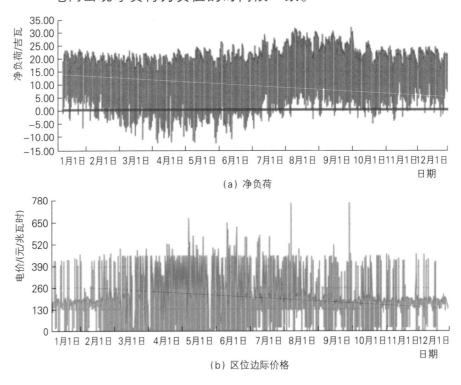

(a) 净负荷

(b) 区位边际价格

图 4.11 2050 年美国西部电网示范区净负荷和节点
边际电价变化情况（晚 10 点时）
来源：《高比例新能源电力系统中长时储能经济性分析》

为展示长时储能在能源日内转移和季节转移方面的优势，图 4.11 分别按照日、季两个时间尺度，统计了电网净负荷为负值、节点边际电价为 0 的小时数，结果见表 4.4。以日为时间尺度评估电网运营情况，早晨和下午更常出现可再生能源发电过剩和节点边际电价为 0 的情况；以季为时间尺度评估电网运营情况，以上情况多发生在春季和夏季。

表 4.4　　　　　2050 年美国西部电网示范区净负荷为负值、
节点边际电价为 0 的小时数

日内统计结果				
指标	2：00—7：00	8：00—13：00	14：00—19：00	20：00 至次日 1：00
净负荷	0	596	703	0
节点边际电价	74	652	869	0
季节统计结果				
指标	2—4 月	5—7 月	8—10 月	11 月至次年 1 月
净负荷	540	579	92	0
节点边际电价	658	758	155	0

注　来源：《高比例新能源电力系统中长时储能经济性分析》。

长时储能带来的能源季节转移效益如表 4.5 所示，由表 4.5 可知，随着储能技术充放电效率的升高，以及储能时长的逐渐延长，对电网整体产生的效益逐渐增大，其中燃料成本效益、机组关启成本效益和电网运维效益均呈增大趋势。

表 4.5　　　　　不能充放电效率条件下长时储能产生的
电网能源季节转移效益

储能技术充放电效率/%	40	60	70	80
总效益/10^3 万元	36.3	5302	61.6	70.4
燃料成本效益/10^3 万元	18.8	34.1	40.7	47.7
机组关启成本效益/10^3 万元	18.0	19.9	21.0	21.8
电网运维效益/10^3 万元	−0.5	−0.5	−0.1	0.9
储能时长/天	9	24	30	32

注　来源：《高比例新能源电力系统中长时储能经济性分析》。

模拟研究引入了一系列短时储能情景，识别长时储能技术产生的电网能源日内转移效益，即设置南加利福尼亚区域电网装机容量为 200 万千瓦, 储能时长为 8 小时, 同样设置 4 个长时储能技术充放电效率, 分别为 40%、60%、70% 和 80%, 分别与季节转移的 9 天、24 天、30 天和 32 天的模拟结果相对应。

长时储能技术产生的电网能源日内转移和季节转移效益比较如图 4.12 所示。由图 4.12 可知, 长时储能技术产生的电网能源日内转移效益显著高于以季为时间尺度的转移效益。季节转移效益中, 燃料成本效益占比最大。随着长时储能技术充放电效率的提高, 两种时长的电网能源转移效益均增大, 季节转移效益在总效益中的占比由较低充放电效率情景（40%）的 4% 提高至较高充放电效率情景（80%）的 20.3%。

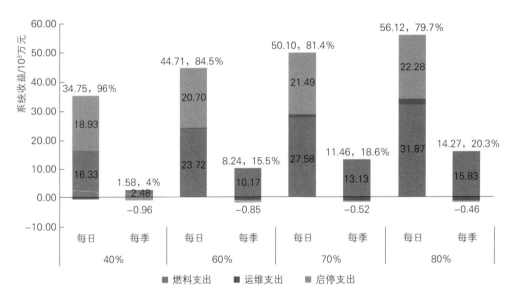

图 4.12　2050 年美国西部电网长时储能产生的能源日内转移和季节转移效益比较
来源:《高比例新能源电力系统中长时储能经济性分析》

4.2.4.3　降低弃风弃光量效益

在新能源高渗透率的电力系统中, 为进一步降低成本, 弃风弃光量可用于满足储能系统的充电需求。

引入容量因子削减百分比（弃风弃光量与储能充电总量的比值）。长时储能充放电效率对容量因子削减百分比和弃风弃光总量的影响如图 4.13 所示。由图 4.13 可知, 随着充放电效率的提高, 弃风弃光量呈缓慢下降趋势, 除弃风弃光量以外的其他能源弃用量下降趋势更显著。因此, 储能系统在尽可能多的消纳电网弃用能源, 长时储能技术的充放电效率越高, 能源套利和机组关启成本降低产生的效益越多。

　　由此可见，长时储能运营商除利用弃风弃光量满足储能系统的充电需求外，也可考虑电网的其他弃用能源。

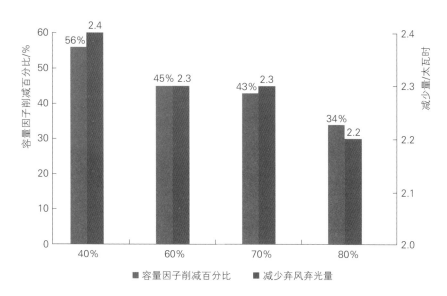

图 4.13　长时储能充放电效率对容量因子削减百分比和弃风弃光总量的影响

来源：《高比例新能源电力系统中长时储能经济性分析》

4.2.5　水电长时储能

4.2.5.1　水电长时储能的优势

　　根据《不同长时储能技术类型的成本比较》（*Comparing the Costs of Long Duration Energy Storage Technologies*），抽水蓄能是提供长时储能服务的主要技术选择，是目前最成熟、可用储能容量最大的技术，提供了目前约 93% 的全球运行电力存储容量。抽水蓄能通常使用低谷电价电力或富余新能源电力充电，将水从低海拔下水库抽到高海拔上水库；当需要提供电力时，再将水从高海拔上水库释放，推动水力涡轮机放电。抽水蓄能的充放电效率为 75%～80%。

　　抽水蓄能技术经历多年发展，可变速水泵水轮机（即变速机组）是该技术的前沿成果，可调节一个抽放水周期内 20% 的充放电容量，具有精确消纳新能源发电负荷和电力供应波动的能力。可变速水泵水轮机使得抽水蓄能可在抽水和发电之间快速切换，具有极高灵活性能力，再加上其较高的储能容量，抽水蓄能在维持高渗透率新能源电网稳定性、消纳可变可再生能源电力供应负荷变化方面具有重要意义。

此外，抽水蓄能在成本方面也具有突出优势，图 4.14 比较了未来几十年圣地亚哥抽水蓄能和锂电池储能度电成本变化情况。抽水蓄能的设计使用年限为 50 年，如维护和耗损部件更换得当，使用寿命可延长至 100 年。锂电池使用寿命更短，但在适当维护管理下，可运行 20～40 年。由图 4.14 可知，运行年限的差异使得锂电池储能的度电成本相对更高。以 2026 年 1 月 1 日开始运营的两种储能设备为例，经过 40 年的运行，抽水蓄能度电成本为 1.20 元/千瓦时，而锂电池则为 1.84 元/千瓦时。

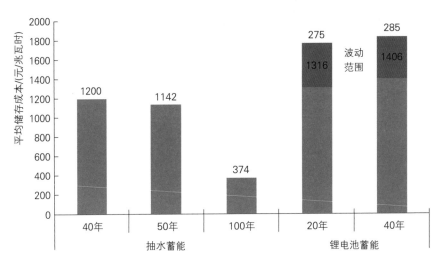

图 4.14　抽水蓄能和锂电池度电成本比较
来源：《美国圣地亚哥水务局统计年鉴》

4.2.5.2　水电长时储能低成本的主要原因

1. 放电时长较长

放电时长指储能系统在最大输出功率条件下的持续放电时间。不同的长时储能技术均能实现长时放电，但放电持续时间差异较大（见表 4.6）。抽水蓄能较其他长时储能技术拥有更长的放电时长，平均为 6～24 小时，某些大型抽水蓄能电站的额定放电时长甚至超过 24 小时，该时长内抽水蓄能可替代传统发电厂供电并提供电网可靠性服务。

2. 建设规模大

长时储能系统的建造规模和建设周期存在较大差异，进而影响前期建设成本。电池储能系统的前期成本投入小、建设周期短，但其建造规模通常较小，平均装机容量仅有 0.5 万～5 万千瓦。抽水蓄能和压缩空气储能的装机容量通常大于 10 万千瓦，前期成本投入较多，建设周期更长。大型抽水蓄能成本结构与其他长时储能系统不同，抽水蓄能的成本相对固定，主要来自土建和机组。增加水库容量可延长抽水蓄能的放电时长，但项目总成本增加较小。

表 4.6　　抽水蓄能与其他长时储能技术的平均储能时长比较

技术类型	平均储能时长/小时
抽水蓄能	6～24
压缩空气储能	3～24
液流电池	2～12
锂电池	0.5～8
熔融盐电池	6～7

注　来源：《不同长时储能技术类型的成本比较》。

3. 装机成本低

长时储能技术的装机成本变化范围较广，Navigant 机构预测了全球不同时长的长时储能技术在 2019—2028 年平均装机成本的变化情况，如图 4.15 所示。随着时间的推进，各种长时储能

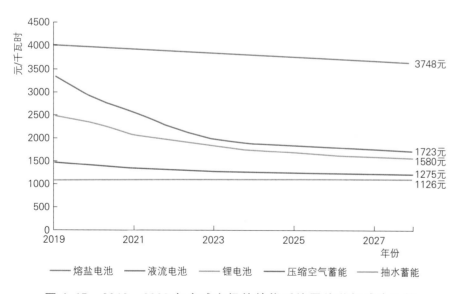

图 4.15　2019—2028 年全球市场的储能系统平均装机成本比较

来源：《不同长时储能技术类型的成本比较》

技术平均装机成本均呈下降趋势。众多技术中，抽水蓄能平均装机成本始终处于最低水平，2019 年仅为 1098.7 元/千瓦时，而熔融盐电池则高达 3998.0 元/千瓦时。锂电池装机成本的下降使其成为某些电网储能系统的备选，与传统电厂和抽水蓄能相比，锂电池使用寿命较短，平均为 3～15 年。

4.3　长时储能需求分析

4.3.1　长时储能容量需求模型

根据《零碳电力：可再生能源电网中的长时储能》，基于麦肯锡（McKinsey）电力模型（MPM）（即电力系统灵活性需求模型），模拟未来对 8～24 小时和大于 24 小时的两种时长储能系统的功率容量和能量需求，引入市场规模估算方法（TAM）。MPM 包括生产成本建模元素的长期容量扩展模型，模拟电网的批量建设需求。MPM 精度高，可捕捉其他大型容量扩展模型无法反映的不同并网和离网电力设备的容量潜力；MPM 具备技术经济优化功能，可对大型电力系统在小时至数十年不同时间尺度上进行同步模拟，是真实电力系统零碳排放成本最优路径模拟的首选。

MPM 涵盖涉及传统的热电、核电及其他能源转型使用潜力剧增的可再生能源、碳捕获封存和储能技术等。基于 MPM，重点关注长时储能在电网实现零碳排放中的作用，对长时储能市场规模前景和运营概况进行预测。

为研究不同技术组合对长时储能市场规模的影响，界定了各技术的敏感性，根据技术迭代速率和商业成熟度确定长时储能成本削减量。由于 MPM 关注特高压和高压输电电网，不包括中压以下的输配电网，也未考虑最小模拟单元内的输配电过程，模拟结果中长时储能技术市场规模结果偏低。

4.3.2　各国对长时储能的需求

根据《零碳电力：可再生能源电网中的长时储能》，MPM 模

拟的长时储能功率容量需求、能量需求及储能时长情况如图 4.16
所示。长时储能在世界各国均具支撑脱碳成本最优化电力市场
潜力。

美国对长时储能系统的需求最大，到 2040 年全国长时储能
系统的累计装机功率容量和能量将分别达到 4.4 亿～6 亿千瓦和
300 亿～400 亿千瓦时。因美国电网连接的局限性，长时储能通
过提高输电利用效率，将有助于降低输电阻塞和弃风弃光量。

欧洲和日本对长时储能容量需求增长的峰值出现在 2035—
2040 年，装机平均储能时长超过 50 小时。可再生能源丰富、风
光渗透率高的国家如澳大利亚和智利，对长时储能的容量需求较
低，储能时长较短的大型电力服务即可满足其电网需求。

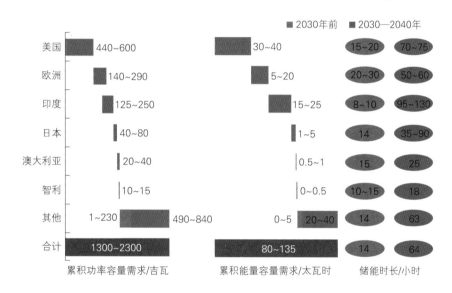

图 4.16　世界各国长时储能的功率容量需求、能量需求及储能时长预测
来源：《零碳电力：可再生能源电网中的长时储能》

长时储能的市场需求不仅受到新能源替代化石燃料的能源转
型推动，电力需求增加也是重要的驱动力，预计未来几年内全球
电力需求将大幅上升。到 2040 年，印度长时储能的累计装机功
率容量和能量将分别达到 1.25 亿～2.50 亿千瓦和 150 亿～250
亿千瓦时，平均装机储能时长将达到 100 小时；储能系统可提供
完整的电网灵活性，包括日内和跨日灵活性，在新能源装机快速
上升时期，对较短时长储能系统的需求较大。

设定政府目标、推行鼓励性政策措施将加快长时储能系统的

发展速度，导致其需求提早出现。印度计划在 2030 年完成 4.5 亿千瓦的新能源装机目标，在近 10 年内将产生极高的储能容量需求，推动长时储能技术的发展。美国计划 2035 年实现零碳电力的新目标，中国 2030 年将实现 12 亿千瓦的可再生能源装机目标，都将对长时储能发展产生积极影响。

4.3.3　不同场景对长时储能需求分析

4.3.3.1　不同风光渗透率

根据《零碳电力：可再生能源电网中的长时储能》，随着电力系统重构，电网灵活性需求及构成也将发生变化。2030 年以前，全球电网风光渗透率变化相对较小，电网灵活性需求仍以日内尺度灵活性资源为主。某些国家或者局部地区近几年将会出现高风光渗透率电力系统结构，当地电网可能存在跨天和跨周灵活性需求。

根据《零碳电力：可再生能源电网中的长时储能》，当电网中风光渗透率达到 60%～70%，对长时灵活性（跨天、跨周或跨季）的需求将急剧增加，未来 10 年内很多国家和地区的风光渗透率将接近甚至突破 60%～70%。

为实现 2040 年全球范围的零碳电力，需要优先解决新能源比例无法再优化、输电线路无法扩张区域的电网长时灵活性需求问题。随着电网中风光渗透率日益增加，对长时储能技术的需求将越来越大。

根据《零碳电力：可再生能源电网中的长时储能》，在 2030 年前，8～24 小时储能系统提供电网日内和跨日灵活性的比例将逐步下降，但区域电网条件及相关政策支持（低电网可靠性或已签订电力购买协议）将影响长时储能技术的发展，两种时长的长时储能技术均具有较好的市场前景。预测表明，2030 年前，8～24 小时储能时长系统的功率容量和能量将分别占长时储能容量的 80% 和 60% 以上。2030 年后，因新能源在电网中的比例迅速增加，大于 24 小时储能时长系统将得到迅速发展，其功率容量和能量需求迅速增加。到 2040 年，大于 24 小时储能时长系统的累积能量占比将超过80%。因容量成本在系统总成本中占比更大，未来长时储能系统的投资需求应与储能系统的功率容量需求相匹配。

由图4.17可知，8～24小时储能时长系统的功率容量占比的变化趋势决定了未来储能系统投资的大方向。

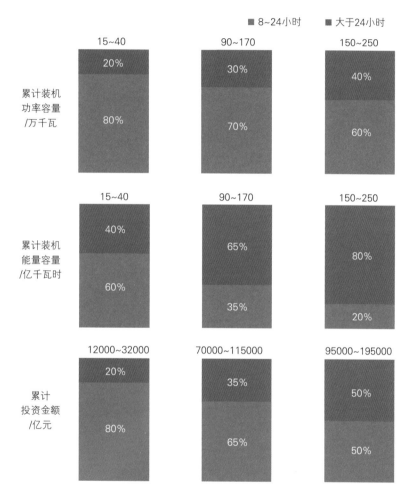

图4.17　不同储能时长的长时储能技术装机功率、装机容量及投资金额预测（绝对数量及占比）

来源：《零碳电力：可再生能源电网中的长时储能》

4.3.3.2 零碳电力

根据《英国长时储能系统》，零碳电力系统中长时储能对新能源发电过剩或不足时期的电网调节至关重要。仅依靠核电和新能源发电无法满足全年的电力需求，约61%的电力（630亿千瓦时）需由可调度发电（如燃气轮机联合循环发电耦合碳捕获封存技术）提供，峰值功率可达5000万千瓦；剩余39%的电力则由低碳能源发电满足，峰值功率达 3800 万千瓦，发电量将超过电力需求。310 亿千瓦时的过剩发电量若没有长时储能系统存储，将被弃用。

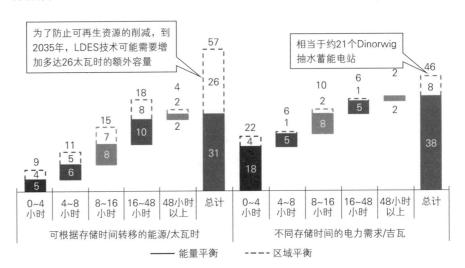

图 4.18　2035 年不同时长储能系统的能量和功率
容量需求（以 Dinorwig 抽蓄电站为参考）
来源：《英国长时储能系统》

零碳电力系统中，为存储可再生能源过剩的发电量并完成重新分配，需要具备极大功率容量的储能系统。据估计，2035 年可再生能源过剩发电量最多可达 310 亿千瓦时，长时储能系统的最大功率容量需求为 3800 万千瓦。因电网容量限制，接近 260 亿千瓦时的电能将被弃用，为此长时储能系统的功率容量需求将再增加 800 万千瓦。

4.3.3.3　不同充放电效率

根据《高比例新能源电力系统中长时储能经济性分析》，基于美国可再生能源国家实验室研发的区域电力调度系统软件（ReEDS），针对美国西部电网 2050 年可再生能源渗透率 85% 的基准情景，预测 4 种不同充放电效率（40%、60%、70% 和 80%）的长时储能容量需求，电网其他参数设置同上。

不同充放电效率对电网能量需求影响如图 4.19 所示，随着长时储能系统充放电效率的提高，长时储能能量增长趋势最明显，为电网提供总能量的能力日益增强。充放电效率从 40% 提高至 80%，为电网提供的能量从 17.15 亿千瓦时增至 50.46 亿千瓦时，容量增长近 3 倍。高充放电效率的长时储能系统有利于消纳弃风弃光电量，也是电网能源结构变化驱动的关键因素。

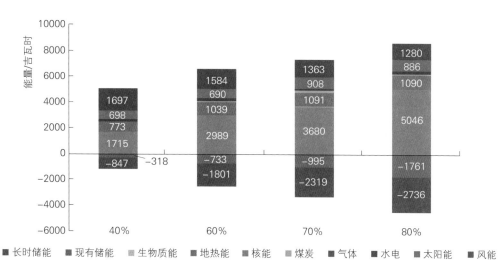

图 4.19　充放电效率对电网能量需求的影响
来源：《高比例新能源电力系统中长时储能经济性分析》

4.3.4　欧美典型案例

4.3.4.1　美国

基于《美国储能系统：市场形势与前景》，美国 2013—2017 年已建大型电池储能系统数据（见表 4.3）表明，针对 3 类额定储能时长（小于 0.5 小时、0.5～2 小时及大于 2 小时）的电池储能系统，随着储能时长的增加，系统平均额定功率容量减小；短时电池储能系统（小于 0.5 小时）的平均额定功率容量最高，达 11700 千瓦；长时（大于 2 小时）功率容量仅为短时的 1/2 左右。不同储能时长电池储能系统的能量与功率容量呈相反趋势，储能时长越长系统的能量越大，长时电池储能系统（大于 2 小时）平均额定能量最高，达到 2.35 万千瓦时，是短时（小于 0.5 小时）和中时储能系统（0.5～2 小时）平均额定能量的 4～6 倍。

4.3.4.2　英国

根据《英国长时储能系统》（*Strategy for Long-Term Energy Storage in the UK*），要实现 2035 年的零碳电力，英国需具备 4600 万千瓦的电储容量，其中包括 2400 万千瓦长时储能，才可有效调节新能源发电的间歇性。随着电网中新能源渗透率的提高，还需预防输电容量超载的情况。因此，英国实现零碳电力的关键除了转变电源结构，还要关注能源结构变化对电流和电网的影响。

当前，英国电力需求主要集中于南部，而主要的风电场位于北部，导致南北电力输送存在较大波动。但是，英国南部建有电力互联网，根据电力需求情况可实现局部电力的输入和输出。图4.20对比了无风和大风天气条件下英国南北部的电力输送情况。电网中的B6边界是英国北部低碳发电与南部电力需求不平衡的关键所在，热网约束（即供暖期供热出力）影响时间较长，热网约束容量占电力系统总容量的10%；电网中B8和EC5边界也存在热网约束情况。在英国西南部光电占比较高，需电网持续投资，才能适应电力负荷需求增长和电力输送变化。

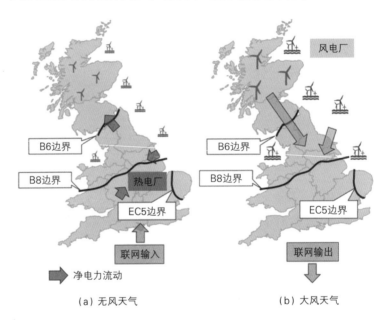

（a）无风天气　　　　　　　　（b）大风天气

图4.20　无风和大风天气条件下英国南北部电力流动情况对比
来源：《英国长时储能系统》

长时储能可解决英国热网约束问题，减少弃风量，降低电力系统的碳排放。英国局部电力供需不平衡产生的热网约束，需借助热电厂系统调控，增加了电力系统总成本，碳排放更高。长时储能可替代传统电网的部分功能，存储弃风量满足低风电效率时期的供电需求。因此，长时储能通过降低电网热约束，从而降低电力系统成本和碳排放。

4.4 长时储能容量配置和运行策略

4.4.1 长时储能容量优化配置

4.4.1.1 长时储能容量优化配置方法

根据《长时储能在可变可再生能源电力系统中的作用》（*The Role of Long–Term Energy Storage in Investment Planning of Renewable Power Systems*），以美国部分地区高风光渗透率电网系统为对象，使用小时分辨率的风电、太阳能发电以及美国全国电力需求的历史数据（1980—2018 年），基于宏观能源模型对长时储能和电池在电网中的调节作用进行综合模拟，分析长时储能耦合电池满足电网小时内、日内、跨日、跨季、跨年灵活性的作用，评价耦合电力系统的经济性。

模拟过程基于风光发电量在全美电网无损传输的假设，即在特定时刻将所有发电源视为一个整体，将风光发电可变性降至最低，进而估算最小储能容量限值。

当前，美国大部分州立法要求电网系统以可再生能源为主，但储能技术发展仍存在诸多不确定性，亟须模拟电网中长时储能、电池与风光混合系统的容量优化配置方案。通过模拟识别 100% 满足小时平均电力需求的各混合系统成本情景，提出成本最低的混合系统容量优化配置方案。

4.4.1.2 长时储能容量配置与电力系统成本的关系

根据《长时储能在可变可再生能源电力系统中的作用》，为评价长时储能与电池的单一及组合方案对美国高风光渗透率电网的调节作用，设置了如图 4.21 所示的混合电力系统情景。三个系统依次为光电、风电和风光混合，每个系统中包括了电池与长时储能单一及组合储能的三种情况。

由图 4.21 可知，对于混合电力系统，与仅使用电池相比引入长时储能可显著降低电力系统的总成本。对于不同风光渗透率的电力系统，与投资电池相比，投资长时储能系统得到的混合系统总成本更低，如风光与长时储能、电池的混合系统，混合系统能量成本仅为 0.77 元/千瓦时，与当前美国电网系统发电成本相当。

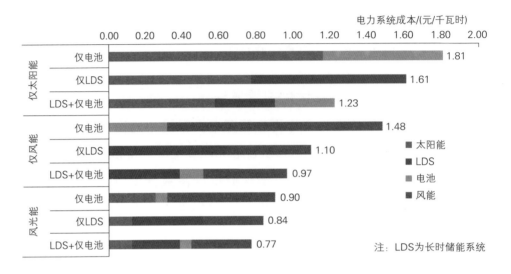

图 4.21 不同技术组合的混合电力系统成本比较
来源：《长时储能在可变可再生能源电力系统中的作用》

基于 2018 年美国电网数据，对风光、长时储能和电池的混合系统进行成本敏感性分析，研究电力系统最低成本系统随储能成本的变化情况。结果表明：与降低电池成本相比，混合系统成本仅对长时储能成本降低更具敏感性 [见图 4.22 (a)]。

图 4.22 (b) 展示了系统成本对长时储能功率容量和能量成本敏感性变化的模拟结果。由图可知，与能量成本（地下氢储能）下降相比，系统总成本对容量成本（电解槽和燃料电池成本）下降更为敏感。

图 4.22 (b) 在相同充放电效率条件下，比较了系统总成本对 P2GP、抽水蓄能与压缩空气储能三种长时储能技术容量成本和能量成本的敏感性。抽水蓄能和压缩空气储能具有较高的功率和能量成本。P2GP 储能技术在满足新能源电网灵活性需求的同时，较低的能量成本使其具有较好的市场竞争力。相比其他技术，抽水蓄能的能量成本较高，将限制其在电网中的竞争力。因此，未来长时储能配置中，降低能量成本是水电长时储能发展的重点。

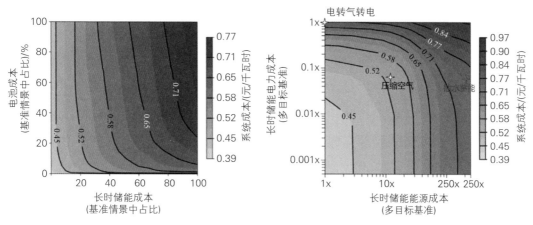

（a）系统成本对长时储能与电池成本的敏感性　　（b）系统成本对长时储能功率容量和能量成本的敏感性

图 4.22   混合电力系统成本敏感性分析（坐标中的 X 表示参考成本）
来源：《长时储能在可变可再生能源电力系统中的作用》

4.4.2   长时储能容量配置典型案例

根据《零碳电力：可再生能源电网中的长时储能》，基于 2030 年预测数据，分别将储能时长为 8～24 小时和大于 24 小时两种长时储能方式与锂电池和氢储能技术的储能成本进行比较，结果分别如图 4.23 和图 4.24 所示。

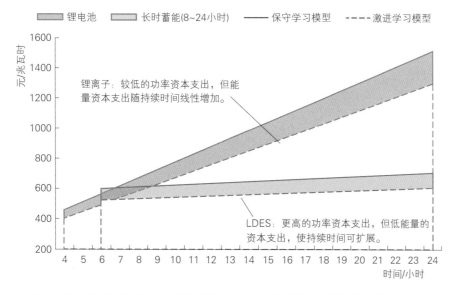

图 4.23   2030 年储能时长对锂电池与长时储能的储能成本影响比较
来源：《零碳电力：可再生能源电网中的长时储能》

与锂电池相比，当储能时长大于 6 小时时，长时储能技术的储能成本更具竞争力（图 4.23）。假设储能系统的年利用率为 45%，当储能时长超过 9 小时时，2030 年长时储能的能量成本更低，为 516～613 元/千瓦时；而锂电池的储能成本在储能时长小于 6 小时时更具竞争力。两种技术迭代速率相当，与锂电池相比，2035 年前长时储能技术成本竞争力不会发生显著变化。

当储能技术以峰值容量运行，连续放电时间小于 150 小时，长时储能可能与氢储能竞争，某些长时储能技术已在提供电网可靠性方面表现出优势。如储能时长小于 100 小时，长时储能技术将表现出成本竞争优势（图 4.24）。

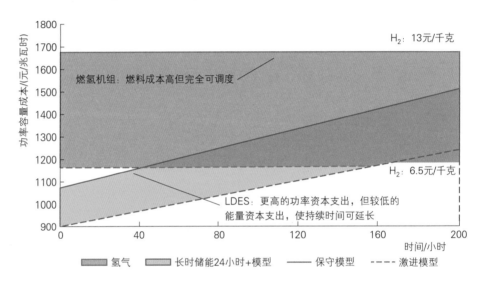

图 4.24　2030 年储能时长对氢储能和长时储能的储能成本影响比较

来源：《零碳电力：可再生能源电网中的长时储能》

4.4.3　长时储能优化运行策略

1. 充放电效率对储能容量利用率的影响

根据《高比例新能源电力系统长时储能经济性分析》，4 种充放电效率对 2050 年美国西部电网长时储能容量利用率影响的年变化影响如图 4.25 所示。长时储能充放电效率仅改变储能容量利用率大小，但不改变储能容量利用率随时间变化趋势；充放电效率越高，储能容量利用率越大。例如，80% 充放电效率条件下，储能能量利用率最高，夏季达峰值约 12 亿千瓦时。

长时储能系统储能容量利用率的年变化趋势与天然气地下储能相似；但充放电时间发生偏移，长时储能放电时间更早，两者能较好储能互补。

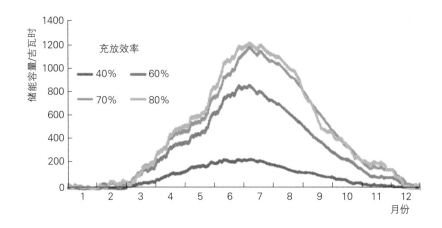

图 4.25　充放电效率对长时储能容量利用率的影响

来源：《高比例新能源电力系统长时储能经济性分析》

2. 储能设备运行策略与电价的关系

根据《高比例新能源电力系统长时储能经济性分析》，假定储能系统功率容量为 200 万千瓦，储能时长 1 个月，充放电效率为 40%，通过 2050 年美国西部电网模拟分析，开展长时储能设备运行状态及其与电价关系研究。研究结果表明：储能系统运行期间，充放电功率容量、充放电的电价的日内和年内变化情况分别如图 4.26 和图 4.27 所示。

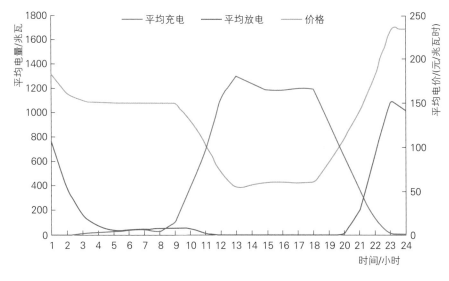

图 4.26　2050 年长时储能设备运行状态（充放电功率）

和电价的日内变化

来源：《高比例新能源电力系统长时储能经济性分析》

图 4.26 表明，平均电价在午后达到最低值，主要原因在于午后光电发电量较高，储能系统充电功率容量也在此时段达到最大；傍晚和早晨时段，平均电价相对较高，储能系统开始放电。

由图 4.27 可知，春季电力需求较低，而风电、光电和水电的发电量均较高，平均电价在春季较低。储能系统充电功率容量的最大值也出现在春季，而放电则集中于冬季。全年所有时段均需要其他能源发电补给，以满足光电和电网负荷的日内灵活性，降低电网峰值负荷，减少发电机组的关启。

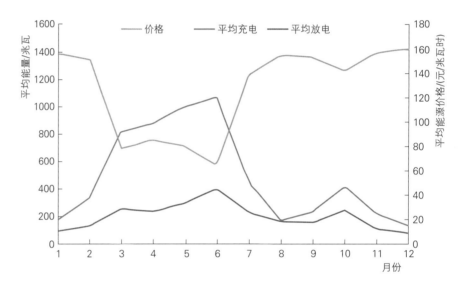

图 4.27　2050 年长时储能装置运行状态（充放电功率）
和电价的年内变化
来源：《高比例新能源电力系统长时储能经济性分析》

3. 充放电效率与碳减排

根据《高比例新能源电力系统长时储能经济性分析》，对 2050 年美国西部电网使用长时储能系统的碳减排效果进行了估算，4 种充放电效率情景下的碳减排量如图 4.28 所示。若电网碳排放无成本，就缺乏减排动力。新能源在电网中的渗透率越高，火电占比越低，电网成本越低。随着长时储能系统充放电效率的提高，系统碳排放下降，80% 充放电效率情景下碳减排总量 46.7 万吨，是 40% 充放电效率情景下减排量的 3.22 倍。

4. 设备利用率和充电电价是运营盈亏的关键

根据《零碳电力：可再生能源电网中的长时储能》，长时储能

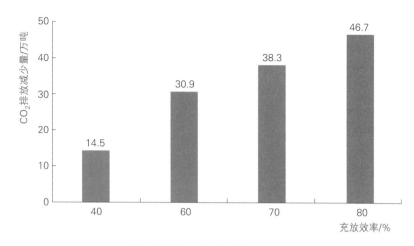

图 4.28 长时储能充放电效率对碳减排的影响

来源:《高比例新能源电力系统长时储能经济性分析》

技术成本主要依赖于边界条件,包括特定的市场条件、地理位置和终端应用,这些因素将决定储能技术的市场竞争力(表 4.7)。电价和储能设备利用率对储能成本的影响最为显著。当充电电价为 0.19 元/千瓦时,储能设备利用率为 70% 时,储能成本为 0.45 元/千瓦时。如果储能设备利用率下降为 45%,为保证储能成本不变,8~24 小时和大于 24 小时储能时长的储能系统的充电电价需要分别达到 0.097 和 0.77 元/千瓦时。因此,在充电电价一定的情况下,长时储能系统储能时长越长,设备利用率越高,储能成本越低。

表 4.7   2030 年两种时长储能技术的储能成本比较

8~24 小时蓄能模型 (以 16 小时为例计算)			24 小时以上蓄能模型 (以 100 小时为例计算)		
参数范围	LCOS 对应 变化范围 /(元/千瓦时)	参数 5% 变化下 LCOS 敏感性 /%	参数	参数范围	LCOS 对应 变化范围 /(元/千瓦时)	参数 5% 变化下 LCOS 敏感性 /%
初始值	0.56	—	初始值	—	0.97	—
51.6~161.3	0.52~0.59	3	单位能量 支出 元/千瓦时	19.4~58.1	0.87~1.08	1
90~40	0.46~0.90	6	储能循环 效率/%	75~25	0.71~1.73	4

续表

8～24 小时蓄能模型 （以 16 小时为例计算）			参数	24 小时以上蓄能模型 （以 100 小时为例计算）		
参数范围	LCOS 对应 变化范围 /(元/千瓦时)	参数 5% 变化下 LCOS 敏感性 /%		参数范围	LCOS 对应 变化范围 /(元/千瓦时)	参数 5% 变化下 LCOS 敏感性 /%
2580～6190	0.50～0.63	2	单位能量 收支 元/千瓦	4452～9742	0.84～1.12	2
32～129	0.52～0.58	3	运营成本 元/千瓦	5.8～16.8	0.97～0.98	0
0.1～0.3	0.45～0.72	3	电价 元/千瓦	0.1～0.3	0.79～1.18	2
70～20	0.46～0.89	6	储能 利用率/%	70～20	0.77～1.66	4

注　来源：《零碳电力：可再生能源电网中的长时储能》。

　　储能系统的充放电效率通过影响储能需求改变储能成本。与能量成本相比，充放电效率对长时储能技术竞争力的影响有限，同时其效率提升通常受到技术革新的影响。能量成本可直接影响储能系统的能量和利用率，进而改变储能成本。

4.5　长时储能市场化机制及配套政策

4.5.1　长时储能"评估难、缺监管"现状

　　根据《英国长时储能系统》《长时储能政策概述》《零碳电力：可再生能源电网中的长时储能》《美国储能系统：市场形势与前景》，目前世界各国和国际能源组织对长时储能技术的储能时长概念尚未达成一致，即使是美国国内对长时储能的储能时长也未达成共识，从几小时至上千小时不等。由于储能时长概念不统一，基于系统规模、储能容量、充放电效率、运行寿命、容量成本、能量成本等关键技术参数的长时储能系统性能评估难以开

展，进而导致难以形成有效的长时储能市场机制体制，阻碍长时储能技术的市场交易，对技术监管提出了挑战。

4.5.2 国际社会推动长时储能的市场机制及配套政策

4.5.2.1 美国经验

根据《长时储能政策概述》，美国联邦和各州政策对长时储能技术的市场机会产生直接影响。由美国联邦能源委员会监管、区域输电组织和电网系统运营商负责的电力市场，联邦制定的政策、法规和激励措施直接决定了长时储能技术的市场价值。美联邦可通过国会立法，鼓励研发投资，推动新兴长时储能技术的发展。美国各州现有和新政策可为长时储能技术的发展创造机会，目前美国长时储能相关政策制定日益频繁，涉及储能采购、电源充裕度（含储能）、综合能源规划、其他可能包含长时储能要求的长期能源规划，以及长时储能技术的激励措施等。

美国联邦和各州围绕决定长时储能技术发展动力的要素制定相关政策，涉及长时储能技术的应用领域、使用方式和储能供应商的服务补偿等。目前，加州已有类似政策出台，如 AB2255 号法案（2020 年 2 月 13 日颁布），为实现加州碳减排目标，规定全州范围内采购和安装 100 万千瓦以上的长时储能系统需要遵循特定流程。该法案提及多种长时储能技术，包括压缩空气储能、抽水蓄能、液流电池、氢储能，以及电化学型、化学型、机械型和热型储能技术。该法案对于长时储能技术采购具有里程碑意义，确立了技术的市场价值，进一步吸引技术的开发者和投资者。亚利桑那州出台了一项促进长时储能发展的激励措施，仅对时长超过 5 小时的储能技术提供全额补贴。

1. 美国电力批发市场规则

根据《美国储能系统：市场形势与前景》，电网系统运营商和区域输电组织是独立的、受联邦政府监管的非营利组织，负责电力供应的可靠性保障，并优化电力批发市场的供需竞价，保持技术中立，需要确保市场规则的公平公正，不排除任何资源参与市场。现有市场规则未考虑将电池储能作为电力消费者或生产者，美国联邦能源委员会、电网系统运营商和区域输电组织开始考虑为储能市场开辟一条新道路。

美国联邦能源委员会颁布 755 号法案（2011 年），要求电网系统运营商或区域输电组织向可提供快速爬坡频率调节服务的电力市场发放补贴。因该项法案的颁布，PJM 电力市场将调频市场拆分为提供快速爬坡服务和慢速爬坡服务两类。PJM 电力市场已出现 18 万千瓦的大型储能电池，但因过度依赖快速爬坡、调频等辅助服务，出现了运营问题。随后 PJM 电力市场改变了调频服务的运营策略，停止了大型储能电池新建装机。

其他电网系统运营商也出现了根据市场规则调整运营策略的情况，包括研发储能设备、指定参与模型、降低最小规模要求、定义储能时长要求等。美国联邦能源委员会颁布 841 号法案（2018 年 2 月），要求系统运营商取消对储能设备容量、能量和辅助服务市场的限制，并针对储能设备和运营特征制定相应的纳税规则，在联邦能源委员会审批后予以执行。

2. 美国加州政策

根据《美国储能系统：市场形势与前景》，美国联邦能源委员会出台的联邦一级长时储能政策在执行过程中受到各种限制，目前美国能够落地的长时储能政策大多为州级别，涉及采购要求、激励机制建立、将长时储能纳入长期能源规划等。美国加州目前已出台多项与长时储能相关的政策。

2013 年，加州颁布 2514 号法案，要求投资者在 2020 年以前建成包括输电、配电和用电端在内的电网总计 132.5 万千瓦的长时储能设备，并在 2024 年前投入使用。

2017 年 5 月，加州颁布 2868 号法案，要求投资者新增 50 万千瓦分布式长时储能，其中用户端储能容量不超过 12.5 万千瓦。同时，出台了自发电激励计划，州政府划拨 3.13 亿元用于补贴安装 10 千瓦以下长时储能系统的用户；而对于长时储能系统装机容量超过 10 千瓦的用户，补贴总额高达 21.26 亿元。

3. 其他州政策

根据《美国储能系统：市场形势与前景》，截至 2020 年 5 月，美国除加州以外的 5 个州出台了长时储能相关政策。各州针对长时储能出台了各种财政激励措施，涉及直接拨款、试点项目专款及税收优惠等。

2015 年，俄勒冈州通过众议院 2193B 号法案，要求两家电力公司在 2020 年前各完成 5000 千瓦时长时储能系统采购。2018 年 5 月，新泽西州颁布《2018 年清洁能源法案》（*The Clean Energy Act* 2018），设定了 2030 年 200 万千瓦的长时储能目标。2018 年 8 月，马萨诸塞州颁布众议院 4857 号法案，要求 2025 年全州完成 100 万千瓦时的长时储能目标。2018 年 10 月，纽约州宣布到 2030 年实现 300 万千瓦的长时储能目标。2018 年，马里兰州通过参议院 758 号法案，为安装民用和商用长时储能系统的客户提供 30％ 的税收减免。2020 年 2 月，弗吉尼亚州通过众议院 1526 号法案，提出了到 2035 年实现 310 万千瓦的长时储能目标；内华达州允许长时储能系统纳入州一级的可再生能源组合标准。

美国各州制订了综合能源计划，通过整合发电、输电和能效投资满足长期能源需求，并降低电网成本。因长时储能与传统发电和电力需求侧不同，将其纳入综合能源计划具有挑战性。长时储能需要特定运行条件，可并网节点位置，同时提供多种服务，并面临诸多政策和监管不确定性影响，进而影响电力系统效益。

目前，包括亚利桑那州、加利福尼亚州、康涅狄格州、科罗拉多州、佛罗里达州、印第安纳州、肯塔基州、马萨诸塞州、新墨西哥州、北卡罗来纳州、俄勒冈州、犹他州、弗吉尼亚州和华盛顿州在内的各州已开始尝试将长时储能纳入综合能源计划。

4.5.2.2　英国经验

根据《英国长时储能系统》，长时储能在容量市场、电力批发市场、电力平衡市场和辅助服务市场均面临着各种机遇与风险。

1. 容量市场

机遇：随着燃气发电和核能发电逐步被取代，以及燃煤发电的废止，单位装机容量价格将会上涨，容量市场需要其他新技术的加入；长时储能系统在确保供电安全性的同时，通过签订 15 年服务合同，为电网新购设备提供资金保障。

风险：新购设备可按 15 年合同拍卖，但可能导致结算价格较低；合同签订后的 4 年内要实现产能交付，长时储能项目建设期过长可能带来问题；容量市场结构变化也可能导致收益的不确定性。

2. 电力批发市场

机遇：随着间歇性可再生能源发电容量和其他能源价格的升高，长时储能系统充放电电价差将逐步扩大，依靠长时储能产生的电网收益也将增加；电力市场分销商有最低收入保障，可降低电价的市场风险。

风险：受可再生能源经济和其他能源价格影响的风险增加；为实现零碳电力，在智能电动汽车充电和电解氢产能推动下，最低电价可能上涨；如能源价格下跌可能导致长时储能系统充放电的价差减小。

3. 电力平衡市场

机遇：随着间歇性可再生能源发电容量的增加，电力供需平衡的需求增大，为长时储能系统利用充放电的价差盈利创造机会；同时电网热约束问题日益凸显，引入长时储能可降低电网加固的成本。

风险：受可再生能源经济和其他能源价格影响的风险增加；其他满足电网灵活性设备的新建（短时储能）可能降低电网收益。

4. 辅助服务市场

机遇：随着热力发电容量降低及可再生能源发电容量增加，惯性支持服务需求将增加；电网负荷波动性升高，对无功功率控制的需求可能增加；签订黑启动长期服务合同提供电网安全保障；电网惯性降低导致频率响应服务需求增加，可提供高长时储能的充放电要求的电网故障服务。

风险：惯性支持需签订多年期服务合同，并通过投标采购；黑启动服务合同在国家电网公开拍卖，竞争性提高；长时储能可能无法满足频率响应服务需要的所有技术参数。

4.5.3　国际经验总结与建议

4.5.3.1　技术创新

根据《长时储能政策概述》，目前的长时储能技术包括传统的抽水蓄能、压缩空气储能和氢储能，也包括热型、热化学型等新型储能技术，各种长时储能技术的优势及当前面临的挑战见表4.8，为技术革新和未来创新研究指明了方向。

表4.8　　　　　　　　长时储能技术的优势及挑战

技术类型	技术优势	技术挑战
抽水蓄能	· 技术成熟 · 储能容量大（～100万千瓦时） · 满足美国电网＞90％储能需求 · 可靠性高	· 地形和水资源限制 · 涡轮和电力系统升级 · 模块化的小型抽水蓄能
压缩空气储能	· 储能容量大、时间长 · 中等的充放电效率	· 地形限制 · 储气仓和井的完整性
氢储能	· 储能容量大、时间长 · 可用于电网和交通 · 环境友好	· 充放电效率低 · 成本高 · 存在氢气泄漏安全隐患
热型储能	· 技术成熟 · 储能容量大 · 成本低	· 热损失 · 空间占用大 · 提升热交换器性能
热化学型储能	· 能量密度高 · 储能时间长	· 技术不成熟 · 成本高 · 材料耐用性差

注　来源《长时储能政策概述》。

4.5.3.2　市场机制

根据《英国长时储能系统》，依靠单一政策和措施不足以支撑长时储能技术的发展，需要政策制定与市场改革相结合，配合相应的激励措施，实现电网系统中长时储能经济性最大化。表4.9总结了不同长时储能政策在推进设备安装、促进储能调度、防止市场失灵和增加投资信心方面发挥的作用。

4.5.3.3　政策建议

根据《英国长时储能系统》，限定投资回报率是目前促进长时储能技术发展最有效的政策，但该政策未充分激励储能优化调

表 4.9 发展长时储能的政策建议

政　策	具 体 措 施	作　用			
		设备安装	储能调度	市场运转	吸引投资
无政策支持	遵循现有市场安排	○	○	●	○
容量市场改革	激励低碳发电技术	◔	◑	●	◕
储能差价合同	合同期间按约定电价售电	◔	◔	◕	◕
储能调度协议	储能容量包括基本和可调度容量	◕	◑	◔	◕
储能设备监管	办理设备许可证，提供定制服务	●	◑	◔	●
限定投资回报率	担保最低收益，限制投资风险	●	◑	◔	◕

注　1. 来源：《英国长时储能系统》。
　　2. ○表示无效；◔表示 25% 有效；◑表示 50% 有效；◕表示 75% 有效；●表示有效。

度使电网受益，不支持对长时储能项目的股权投资。为此，可从以下六方面对"限定投资回报率"政策进行优化：

（1）预估能源和电网系统收益。目前长时储能提供的电网服务尚未在独立市场签约，应对储能在电网运营中提供服务产生的收益进行预估（如惯性支持、变电站配置、热约束解除等）。

（2）考虑合同期限，预估获益时效。储能项目合同签约期限应充分考虑长时储能设备的寿命，并对储能设备可取得收益的时效进行评估，确保开发商和消费者的公平性。

（3）通过竞拍完成储能合同授予。

（4）明确投资回报率设定。投资回报率上限和下限应仅基于市场信号和市场收益，而与储能技术本身无关；或根据特定储能设备安装的地理条件及所提供的电网服务设定。

（5）固定投资回报率下限，上限可灵活调整。以储能设备的最低性能为依据确定投资回报率下限，确保储能项目获利；保持投资回报率上限可灵活浮动，在收益达到上限时确保储能设备可继续工作并为电网提供服务。

（6）确保投资回本，支持股权投资。投资回报率下限对应的收益要高于贷款债务和运营成本；建立股权投资机制，提高储能市场收益。

4.5.3.4　改革建议

根据《英国长时储能系统》，为提高长时储能项目的整体融资能力，需要对电力系统进行深度改革。仅靠引入投资回报率政策不足以保证长时储能项目的可贴现性，需要结合电力系统的深度改革，全面提高储能设备的可贴现性，激发储能系统盈利的最佳运营模式。

（1）目前，储能系统提供电网辅助服务以签订短期的独立服务合同为主，储能系统无法提供合同以外的电网服务功能，存在收益风险。亟须引入电网服务的捆绑机制，降低提供独立服务的收益风险，并将储能设备功能及提供电网服务产生的收益最大化，以增加投资信心。

（2）当前的收费机制不利于储能和电网建设。区域性的电网使用费和出口关税导致储能设备通常安装在电网中电力需求较高的位置，当出现电网热约束时储能设备无法及时作出响应。鉴于储能与发电相对独立，储能设备应安装在能够及时缓解电网热约束的合适位置，并酌情降低电网使用费。

（3）引入电网的分区和节点定价机制，缓解区域电网热约束。根据电网分区和节点设立独立电价，将储能设备建造在靠近高发电容量（可再生能源发电）、低电价的区域，保证储能设备可在较长时间内以低电价充电，并在电网热约束出现时及时放电。

（4）容量市场改革。零碳电力目标设定前，签约了很多为期15年的火电项目，将于2035年到期，成为容量市场的遗留问题。2021年的容量市场改革可能导致低碳和高碳排放发电设备分两阶段拍卖，在设定投资回报率下限和上限时需要综合考虑此情况，以保证收益最大化。

（5）通过市场改革和直接补贴淘汰其他技术。发展长时储能技术的最有效方法是财政补贴结合市场改革，将其他劣质技术挤出市场，同时兼顾电网的可操作性和系统总成本。

附表1 2021年全球主要国家（地区）水电数据统计

区域	国家（地区）		水电装机容量/万千瓦	水电发电量/亿千瓦时	常规水电装机容量/万千瓦	抽水蓄能装机容量/万千瓦
	中文名称	英文名称				
亚洲	东亚	中国	China	39092.0	13401.0	35453.0	3639.0
		朝鲜	Democratic People's Republic of Korea	486.5	120.0	486.5	0
		日本	Japan	5001.9	990.0	2812.5	2189.4
		蒙古	Mongolia	3.1	0.9	3.1	0
		韩国	Republic of Korea	654.1	70.0	184.1	470.0
	东南亚	柬埔寨	Cambodia	133.0	40.0	133.0	0
		印度尼西亚	Indonesia	660.2	190.0	660.2	0
		老挝	The Lao People's Democratic Republic	834.9	210.0	834.9	0
		马来西亚	Malaysia	621.1	160.0	621.1	0
		缅甸	Myanmar	330.4	70.0	330.4	0
		菲律宾	Philippines	378.5	90.0	304.9	73.6
		泰国	Thailand	366.7	50.0	310.7	56.0
		东帝汶	Timor‐Leste	0	0	0	0
		越南	Viet Nam	2158.2	530.0	2158.2	0
	南亚	阿富汗	Afghanistan	34.0	6.2	34.0	0
		孟加拉国	Bangladesh	23.0	6.1	23.0	0
		不丹	Bhutan	233.4	110.0	233.4	0
		印度	India	5156.5	1600.0	4677.9	478.6
		伊朗	Iran	1219.3	240.0	1115.3	104.0
		尼泊尔	Nepal	199.2	30.0	199.2	0
		巴基斯坦	Pakistan	1003.7	390.0	1003.7	0
		斯里兰卡	Sri Lanka	179.9	60.0	179.9	0

续表

区域		国家（地区）		水电装机容量/万千瓦	水电发电量/亿千瓦时	常规水电装机容量/万千瓦	抽水蓄能装机容量/万千瓦
		中文名称	英文名称				
亚洲	中亚	哈萨克斯坦	Kazakhstan	306.6	90.0	306.6	0
		吉尔吉斯斯坦	Kyrgyzstan	368.4	130.0	368.4	0
		塔吉克斯坦	Tajikistan	527.4	200.0	527.4	0
		土库曼斯坦	Turkmenistan	0.2	0	0.2	0
		乌兹别克斯坦	Uzbekistan	204.3	70.0	204.3	0
	西亚	亚美尼亚	Armenia	133.6	20.0	133.6	0
		阿塞拜疆	Azerbaijan	115.2	10.0	115.2	0
		格鲁吉亚	Georgia	343.9	100.0	343.9	0
		伊拉克	Iraq	179.7	20.0	155.7	24.0
		以色列	Israel	30.6	0.2	0.6	30.0
		约旦	Jordan	1.6	0.3	1.6	0
		黎巴嫩	Lebanon	28.2	9.7	28.2	0
		叙利亚	The Syrian Arab Republic	149.0	7.5	149.0	0
		土耳其	Turkey	3149.3	550.0	3149.3	0
美洲	北美	加拿大	Canada	8274.0	3770.0	8256.3	17.7
		格陵兰	Greenland	9.1	5.0	9.1	0
		美国	United States of America	10189.4	2602.3	7998.2	2191.2
	拉丁美洲和加勒比	阿根廷	Argentina	1135.0	250.0	1037.6	97.4
		伯利兹	Belize	5.5	0.8	5.5	0
		玻利维亚	Bolivia	73.6	30.0	73.6	0
		巴西	Brazil	10942.6	3410.0	10942.6	0
		智利	Chile	680.7	170.0	680.7	0
		哥伦比亚	Colombia	1195.4	580.0	1195.4	0
		哥斯达黎加	Costa Rica	237.9	90.0	237.9	0
		古巴	Cuba	7.2	0.6	7.2	0
		多米尼克	Dominica	0.7	0.4	0.7	0
		多米尼加	Dominican Republic	62.5	10.0	62.5	0
		厄瓜多尔	Ecuador	509.9	250.0	509.9	0
		萨尔瓦多	El Salvador	57.3	20.0	57.3	0
		法属圭亚那	French Guiana	11.9	4.4	11.9	0
		瓜德罗普	Guadeloupe	1.1	0.3	1.1	0
		危地马拉	Guatemala	157.9	60.0	157.9	0

续表

区域		国家（地区）		水电装机容量/万千瓦	水电发电量/亿千瓦时	常规水电装机容量/万千瓦	抽水蓄能装机容量/万千瓦
		中文名称	英文名称				
美洲	拉丁美洲和加勒比	圭亚那	Guyana	0.2	0	0.2	0
		海地	Haiti	7.8	0	7.8	0
		洪都拉斯	Honduras	84.9	40.0	84.9	0
		牙买加	Jamaica	3.0	1.6	3.0	0
		墨西哥	Mexico	1267.1	340.0	1267.1	0
		尼加拉瓜	Nicaragua	15.8	0	15.8	0
		巴拿马	Panama	178.6	80.0	178.6	0
		巴拉圭	Paraguay	881.0	9.9	881.0	0
		秘鲁	Peru	549.0	310.0	549.0	0
		波多黎各	Puerto Rico	9.8	0.5	9.8	0
		圣文森特和格林纳丁斯	Saint Vincent and the Grenadines	0.6	0.4	0.6	0
		苏里南	Suriname	18.0	10.0	18.0	0
		乌拉圭	Uruguay	153.8	40.0	153.8	0
		委内瑞拉	Venezuela	1652.1	610.0	1652.1	0
欧洲		阿尔巴尼亚	Albania	228.9	50.0	228.9	0
		安道尔	Andorra	4.6	1.2	4.6	0
		奥地利	Austria	1454.6	410.0	1454.6	0
		白俄罗斯	Belarus	9.6	4.3	9.6	0
		比利时	Belgium	141.7	10.0	10.7	131.0
		波黑	Bosnia and Herzegovina	220.6	50.0	178.6	42.0
		保加利亚	Bulgaria	337.6	50.0	251.2	86.4
		克罗地亚	Croatia	220.2	70.0	220.2	0
		捷克	Czechia	228.3	40.0	111.1	117.2
		丹麦	Denmark	0.7	0.2	0.7	0
		爱沙尼亚	Estonia	0.9	0.4	0.9	0
		法罗群岛	Faroe Islands	4.0	1.1	4.0	0
		芬兰	Finland	317.8	160.0	317.8	0
		法国	France	2571.2	630.0	2398.5	172.8
		德国	Germany	1065.3	240.0	544.1	521.2
		希腊	Greece	342.4	60.0	342.4	0

续表

区域	国家（地区）		水电装机容量/万千瓦	水电发电量/亿千瓦时	常规水电装机容量/万千瓦	抽水蓄能装机容量/万千瓦
	中文名称	英文名称				
欧洲	匈牙利	Hungary	5.8	2.4	5.8	0
	冰岛	Iceland	211.4	140.0	211.4	0
	爱尔兰	Ireland	52.9	10.0	23.7	29.2
	意大利	Italy	2271.2	470.0	1877.2	394.0
	拉脱维亚	Latvia	159.6	30.0	159.6	0
	立陶宛	Lithuania	88.6	10.0	12.6	76.0
	卢森堡	Luxembourg	133.1	10.0	3.5	129.6
	摩尔多瓦	Moldova	6.4	2.0	6.4	0
	黑山	Montenegro	69.7	20.0	69.7	0
	荷兰	Netherlands	3.7	0.5	3.7	0
	北马其顿	North Macedonia	82.2	10.0	82.2	0
	挪威	Norway	3481.3	1440.0	3481.3	0
	波兰	Poland	238.4	30.0	116.4	122.0
	葡萄牙	Portugal	724.1	130.0	724.1	0
	罗马尼亚	Romania	665.5	170.0	656.4	9.2
	俄罗斯	Russia	5250.1	2290.0	5114.5	135.6
	塞尔维亚	Serbia	309.7	120.0	248.3	61.4
	斯洛伐克	Slovakia	252.9	40.0	161.3	91.6
	斯洛文尼亚	Slovenia	135.8	50.0	117.8	18.0
	西班牙	Spain	2011.6	320.0	1678.5	333.1
	瑞典	Sweden	1640.6	710.0	1640.6	0
	瑞士	Switzerland	1559.4	390.0	1503.2	56.2
	乌克兰	Ukraine	665.6	20.0	482.3	183.3
	英国	United Kingdom	479.3	70.0	219.3	260.0
非洲	阿尔及利亚	Algeria	22.8	0.9	22.8	0
	安哥拉	Angola	372.9	110.0	372.9	0
	贝宁	Benin	0.1	0.6	0.1	0
	布基纳法索	Burkina Faso	3.5	1.1	3.5	0
	布隆迪	Burundi	4.8	2.2	4.8	0
	喀麦隆	Cameroon	81.2	60.0	81.2	0
	中非共和国	Central African Republic	1.9	1.5	1.9	0

续表

区域	国家（地区）		水电装机容量/万千瓦	水电发电量/亿千瓦时	常规水电装机容量/万千瓦	抽水蓄能装机容量/万千瓦
	中文名称	英文名称				
非洲	科摩罗	Comoros	0.1	0	0.1	0
	科特迪瓦	Côte d'Ivoire	87.9	30.0	87.9	0
	刚果民主共和国	Democratic Republic of the Congo	272.3	90.0	272.3	0
	埃及	Egypt	283.2	140.0	283.2	0
	赤道几内亚	Equatorial Guinea	12.7	1.2	12.7	0
	斯威士兰	Eswatini	6.2	1.6	6.2	0
	埃塞俄比亚	Ethiopia	407.1	140.0	407.1	0
	加蓬	Gabon	33.0	20.0	33.0	0
	加纳	Ghana	158.4	70.0	158.4	0
	几内亚	Guinea	81.8	20.0	81.8	0
	肯尼亚	Kenya	85.1	30.0	85.1	0
	莱索托	Lesotho	7.5	5.0	7.5	0
	利比里亚	Liberia	9.2	5.3	9.2	0
	马达加斯加	Madagascar	16.4	8.1	16.4	0
	马拉维	Malawi	37.4	10.0	37.4	0
	马里	Mali	31.5	10.0	31.5	0
	毛里塔尼亚	Mauritania	0	2.1	0	0
	毛里求斯	Mauritius	6.1	1.0	6.1	0
	摩洛哥	Morocco	177.0	10.0	130.6	46.4
	莫桑比克	Mozambique	220.4	150.0	220.4	0
	纳米比亚	Namibia	35.1	10.0	35.1	0
	尼日利亚	Nigeria	211.1	80.0	211.1	0
	刚果共和国	Republic of Congo	21.4	10.0	21.4	0
	留尼汪	Réunion	13.3	4.9	13.3	0
	卢旺达	Rwanda	12.0	4.5	12.0	0
	圣多美和普林西比	Sao Tome and Principe	0.2	0.1	0.2	0
	塞内加尔	Senegal	0	3.1	0	0
	塞拉利昂	Sierra Leone	6.1	1.8	6.1	0
	南非	South Africa	348.4	60.0	75.2	273.2

续表

区域	国家（地区）		水电装机容量/万千瓦	水电发电量/亿千瓦时	常规水电装机容量/万千瓦	抽水蓄能装机容量/万千瓦
	中文名称	英文名称				
非洲	苏丹	Sudan	148.2	80.0	148.2	0
	坦桑尼亚	Tanzania	58.9	20.0	58.9	0
	多哥	Togo	6.7	0.9	6.7	0
	突尼斯	Tunisia	6.6	0.6	6.6	0
	乌干达	Uganda	101.1	40.0	101.1	0
	赞比亚	Zambia	254.9	150.0	254.9	0
	津巴布韦	Zimbabwe	108.1	70.0	108.1	0
大洋洲	澳大利亚	Australia	852.3	160.0	771.3	81.0
	斐济	Fiji	13.8	5.0	13.8	0
	法属波利尼西亚	French Polynesia	4.8	1.8	4.8	0
	密克罗尼西亚联邦	Micronesia	0.1	0	0	0
	新喀里多尼亚	New Caledonia	8.1	2.2	8.1	0
	新西兰	New Zealand	538.9	240.0	538.9	0
	巴布亚新几内亚	Papua New Guinea	25.8	8.0	25.8	0
	萨摩亚	Samoa	1.4	0.4	1.4	0
	所罗门群岛	Solomon Islands	0	0	0	0
	瓦努阿图	Vanuatu	0.1	0	0.1	0

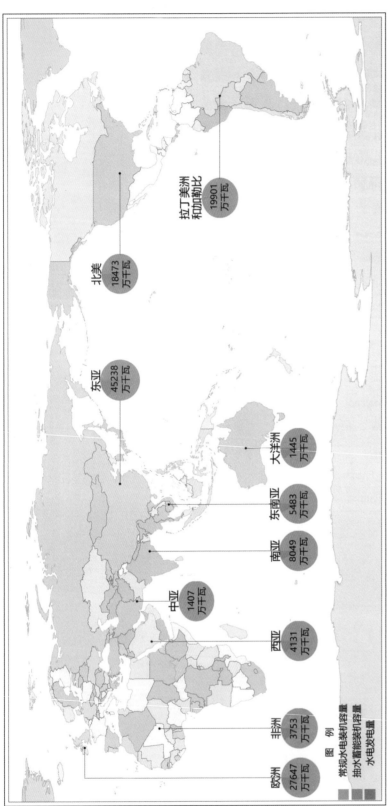

附图 1　全球水电概览

（注：图中数据为常规水电装机容量与抽水蓄能装机容量之和）

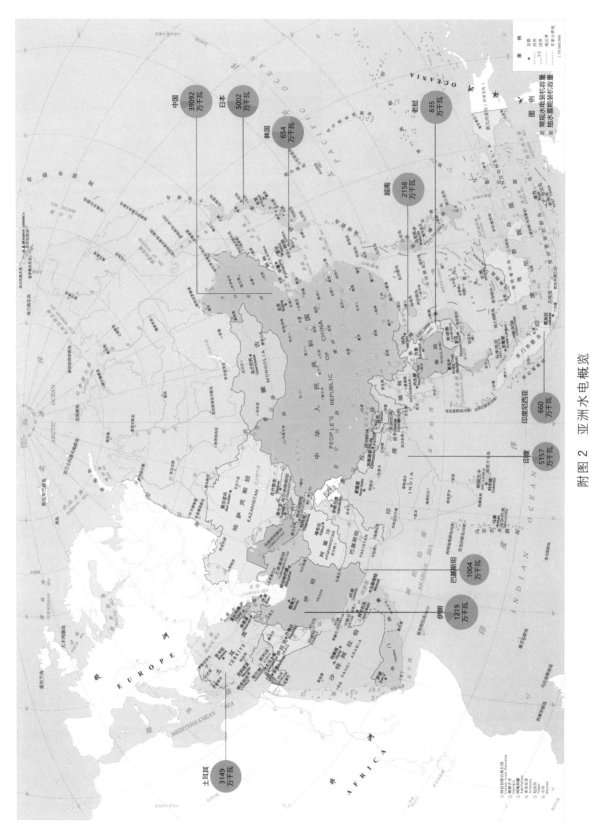

附图 2　亚洲水电概览

(注：图中数据为常规水电装机容量与抽水蓄能装机容量之和)

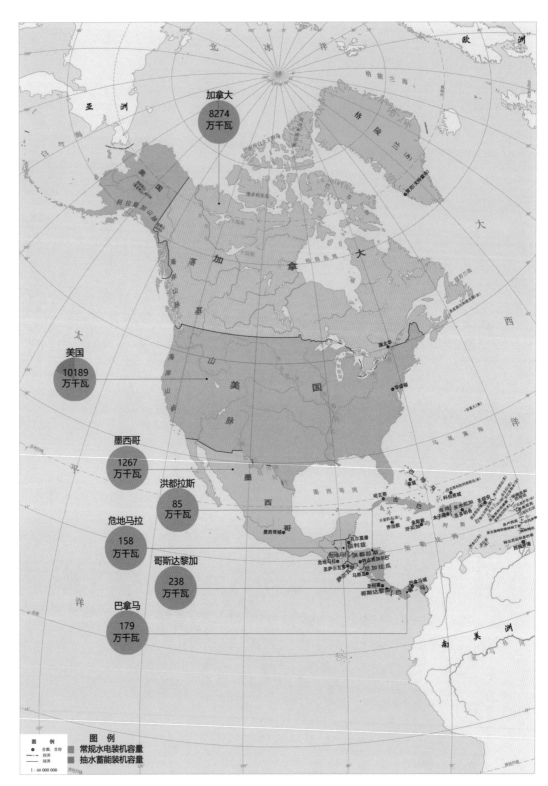

附图3　美洲水电概览（一）

（注：图中数据为常规水电装机容量与抽水蓄能装机容量之和）

附图 3　美洲水电概览（二）

（注：图中数据为常规水电装机容量与抽水蓄能装机容量之和）

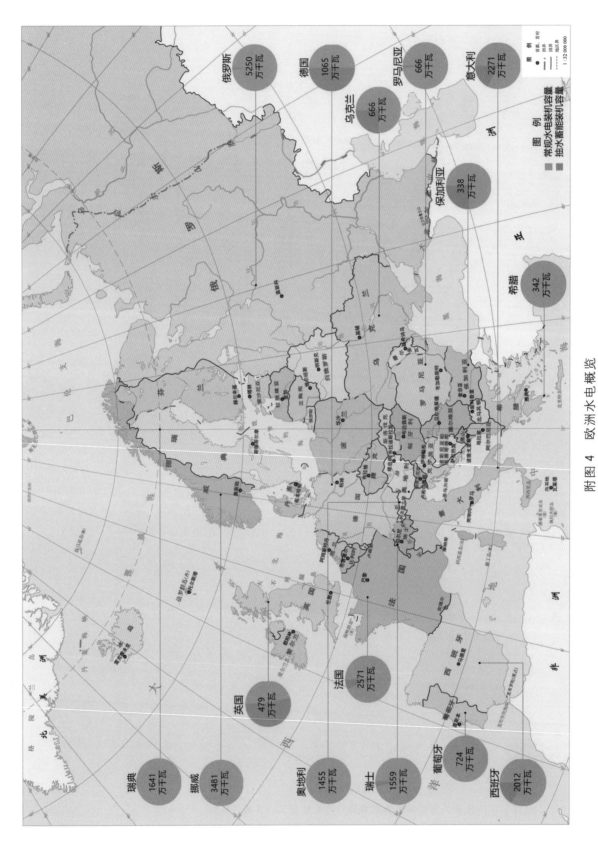

附图 4　欧洲水电概览

（注：图中数据为常规水电装机容量与抽水蓄能装机容量之和）

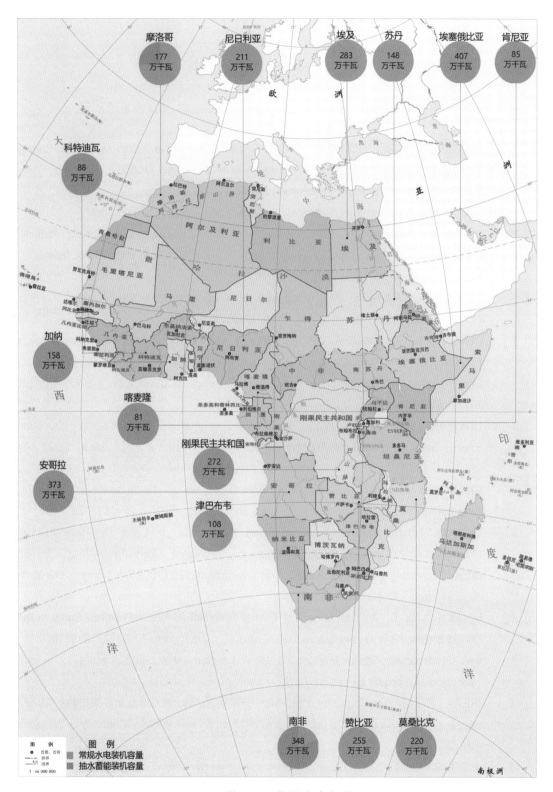

附图 5 非洲水电概览

(注：图中数据为常规水电装机容量与抽水蓄能装机容量之和)

参 考 文 献

[1] BELLGRAPH B. J. , DOUVILLE T. C. , SOMANI A. et al. Deployment of Energy Storage to Improve Environmental Outcomes of Hydropower [R/OL]. Richland, WA: Pacific Northwest National Laboratory (PNNL), 2021. https: //www. pnnl. gov/ main/publications/external/technical _ reports/PNNL – SA – 157672. pdf.

[2] BYRNE R. Energy Storage Overview [R/OL]. New Mexico: Sandia National Laboratories, 2016. https: //www. sandia. gov/files/ess/docs/swpuc/Byrne _ Energy _ storage _ 101 _ SAND2016 – 4387. pdf

[3] CONNOR O. , PATRICK W. Hydropower Baseline Cost Modeling, Version 2 [R]. United States, 2015. https: //doi. org/10. 2172/1244193.

[4] DENEALE S. T. , SASTHAV C. M. , MUSA M. et al. Hydropower Geotechnical Foundations: Executive Summary on Current Practice and Innovation Opportunities for Low – Head Applications [R]. United States, 2020. https: //doi. org/10. 2172/1649016.

[5] DOWLING J. A. , RINALDI K. Z. , RUGGLES T. H. , et al. Role of Long – Duration Energy Storage in Variable Renewable Electricity Systems [J]. Joule, 2020. 4: 1907 – 1928.

[6] GETACHEW E. M. , MIROSLAV M. , JUAN C. H. , et al. Optimization of run – of – river hydropower plant capacity [J]. Dam Engineering, 2018, 29 (1): 29 – 39.

[7] GIOVINETTO A, ELLER A. Comparing the Costs of Long Duration Energy Storage Technologies [R/OL]. Chicago: Navigant Consulting, Inc. , 2019. https: //www. slenergystorage. com/documents/20190626 _ Long _ Duration %20Storage _ Costs. pdf.

[8] HADJERIOUA, B. An Assessment of Energy Potential at Non – Powered Dams in the United States [R]. United States, 2012. https: //doi. org/10. 2172/1219616.

[9] IHA. Hydropower Status Report [R/OL]. London: IHA, 2022. https: //www. hydropower. org/publications/2022 – hydropower – status – report.

[10] IRENA. Renewable Capacity Statistics [R/OL]. Bonn German: IRENA, 2022. https: //www. irena. org/publications/2022/Apr/Renewable – Capacity – Statistics – 2022.

[11] JACOBSON, M. 100% Clean, Renewable Energy and Storage for Everything. Cambridge: Cambridge University Press [R]. 2020. doi: 10. 1017/9781108786713.

[12] KAO S. C. , MCMANAMAY R. A. , STEWART K. M. , et al. New Stream – reach Development (NSD): A Comprehensive Assessment of Hydropower Energy Potential in the United States Final Report [R]. United States: N. p. , 2014.

https：//doi. org/10. 2172/1220854.

[13]　KAO, S. C. , ASHFAQ M. , NAZ B. S. et al. The Second Assessment of the Effects of Climate Change on Federal Hydropower. [R]. United States：2020. https：//doi. org/10. 2172/1340431.

[14]　LEVINE, A. L. , CURTIS, T. L. , et al. Regulatory Approaches for Adding Capacity to Existing Hydropower Facilities. [R]. United States, 2018. https：// doi. org/10. 2172/1405921.

[15]　McKinsey Company. Net－zero power Long duration energy storage for a renewable grid [R/OL]. Chicago, 2021. https：//www. mckinsey. com/capabilities/ sustainability/our－insights/net－zero－power－long－duration－energy－storage －for－a－renewable－grid.

[16]　MULJADI E. , NELMS R. M. , CHARTAN E. , et al. Electrical Systems of Pumped Storage Hydropower Plants：Electrical Generation, Machines, Power Electronics, and Power Systems [R]. United States, N. p. , 2021. https：// doi. org/10. 2172/1804447.

[17]　National Hydropower Association. Project Financing of New Hydropower Development at Existing Non－Powered Dams [R/OL]. Washington, 2021. https：// www. hydro. org/wp－content/uploads/2021/04/Diego－Guerrero－Full－Report－NPD－Project－Financing. pdf.

[18]　OLADOSU, GBADEBO A. , GEORGE L, et al. Cost Analysis of Hydropower Options at Non－Powered Dams. United States [R]. 2020. https：//doi. org/ 10. 2172/1770649.

[19]　OLADOSU, GBADEBO A. , GEORGE, et al. 2020 Cost Analysis of Hydropower Options at Non－Powered Dams [R/OL]. United States, 2021, https：//doi. org/10. 2172/1770649. https：//www. osti. gov/servlets/purl/1770649.

[20]　PATRICK O'C, SAULSBURY B. , HADJERIOUA B. Hydropower Vision a New Chapter for America's 1st Renewable Electricity Source [R]. United States, 2012. https：//doi. org/10. 2172/1502612.

[21]　QUADRENNIAL Technology Review. Technology Assessments－Hydropower [R]. United States, 2015. https：//doi. org/10. 2172/1223604.

[22]　SIMON B. , COLIN S. , PETER A. Strategy for Long－Term Energy Storage in the UK [R/OL]. Wokingham United Kingdom：Jacobs U. K, 2020. https：// www. jacobs. com/sites/default/files/2022－03/Jacobs－Strategy－for－Long －Term－Energy－Storage－in－UK－August－2020. pdf.

[23]　U. S. Department of Energy. 2020 Grid Energy Storage Technology Cost and Performance Assessment [R/OL]. Washington：DOE, 2020. https：//www. pnnl. gov/sites/default/files/media/file/Final％20－％20ESGC％20Cost％20 Performance％20Report％2012－11－2020. pdf.

[24]　U. S. Department of Energy. Energy Storage Grand Challenge：Energy Storage Market Report [R/OL]. Washington：DOE, 2020. https：//www. energy. gov/energy－storage－grand－challenge/articles/energy－storage－market－

report–2020.

[25] U. S. Department of Energy. Grid Energy Storage Technology Cost and Performance Assessment [R/OL]. Washington：DOE, 2020. https：//www. energy. gov/energy – storage – grand – challenge/articles/2020 – grid – energy – storage – technology – cost – and – performance.

[26] URIA M. , ROCIO, JOHNSON, et al. U. S. Hydropower Market Report [R]. United States. 2021. https：//doi. org/10. 2172/1764637.

[27] World Energy Council. Five Steps to Energy Storage [R]. London：WEC, 2020 https：//www. worldenergy. org/assets/downloads/Five _ steps _ to _ energy _ storage _ v301. pdf.

[28] ZHANG J. , GUERRA O. J. , EICHMAN J. , et al. Benefit Analysis of Long – Duration Energy Storage in Power Systems with High Renewable Energy Shares [J]. Frontiers in Energy Research. 2020. https：//doi. org/10. 3389/fenrg. 2020. 527910.

[29] 国家统计局. 2021 年国民经济和社会发展统计公报 [EB/OL]. 北京：国家统计局, 2021. http：//www. stats. gov. cn/tjsj/zxfb/202202/t20220227 _ 1827960. html